慢生活

Making Friends With Our Nerves

〔美〕奥里森·马登 著
Orison Marden
庞志春 王建英 编译

上海文艺出版社 上海故事会文化传媒有限公司

目录
CONTENT

译 序

从某种意义上来说，这是一本历练自我的书，是一本培养自控能力的书。但我认为在阅读此类为培养自控能力的书时必须要注意一点，那就是马登所言的“慢生活”，即简朴的生活。谈到“简朴的生活”，有人会以为是无所事事的“简朴的生活”，非也！所谓“简朴的生活”，就是自我目标坚定的生活。要这要那的目标不定的贪婪之辈，是不可能过上“简朴的生活”的。因为没有自我目标，便会看到人家有这有那的自己也想要，总是非常在意别人在做些什么，所以一直会被精神压力困扰，不久便会积劳成疾。所以，正如马登所言，“需要的是简朴的生活”。因此，这里需要同时思考的是，为什么人不能简朴地生活？心里隐藏的问题越多，生活就会越复杂。生活简朴，也意味着心中没有疙瘩。

马登也倡导“正确的饮食生活、正确的生活习惯”，指的是过令自己心满意足的生活，符合自己的不难为自己的生活习惯、自己感到舒适的生活习惯等等。神经质的人或许在读了这本论述“正确的”生活习惯的书后，便会按照马登的说法去实践。但是，重要的不是这些。过不难为自己的舒适的生活才是最重要的。

马登在鼓励人们的同时，也谈了生存的技巧。例如：“只要认真地磨炼自己就会获得成功”。于是，神经质的人不管三七二十一地即使整天无聊也会鞭策自己作出努力。但是，所谓的“认真地孜孜不倦地磨炼自己”，并非鞭策自己“今天早上五点起个大早”而活着。应该制定一个目标，“今天一天就做这个，这样的话，不知不觉之中就能学会怎么生活”。这样便能活得愉快。所谓的“认真地孜孜不倦地磨炼自己”，并非胡乱地用鞭子抽打自己。由于害怕“如果不这样的话自己就完了”，转而将“认真地孜孜不倦地磨炼自己”作为自己的义务的话，生存就会成为一件苦活，不仅不会健康，反而会因压力而搞垮身体。

重要的是，不要忘记根本的、本质的东西来阅读马登。想要这要那贪婪地活着的人，即使再怎么努力也不会很顺利的，生存也会变得十分痛苦。这类人要集中自己的目标，在集中了自己目标的基础上，“尽量快活地呈现你的人生”。这样马登的规则便能实施。

马登记叙了伟人是怎样日理万机的。但是，安排好自己的日程本身不是多大的本事，其意义在于自己的日程的目的明确才付诸实施。

马登为我们描绘了一个生存的指南。夸张点说，马登的书就是一本生活的说明书。这种书对今天的中国很需要。我认为，马登是一位对当今中国很需要的人。因为人们已经不能自然地把握自己怎样生活了。当今的信息化时代，母亲们已经不能自然地教育孩子怎么生活了。马登书中写了应该怎样吃饭用餐。其实如果长在有爱的家庭中的话，自然而然会学会的。遗憾的是，当今的我们，很少有人能过上这种幼年生活了，只有极少数得天独厚的人才有这样的幼年期了。所以，需要马登来指导我们怎样用餐。而且，对于当今中国社会的人们来说，就如生活在传统社会的人一样，不明白怎样的生活方式是好的。所以，需要诸如马登这样的生活方式说明书。

应该这样呼吸，应该这样洗澡……马登在书中举了各种例子来论述生活方式，其论述是正确的。但读者必须按照自己的实际情况来加以阅读。忽视个人的具体情况而定下某些“必须”的话，有可能削足适履反为不美。

马登以做出伟大贡献的人为例，极力说服人们“要加油、要努力”，这是写了这些人漫长人生的一个场面，而没有写到达其“加油”以前的过程。这不是马登的过错，写轶闻只能这样写而已。

例如有人写“恋人之间吵架后变得更加要好”，这种成功的背后有着两人的性格上的原因，也有两人的历史原因。有恋人忽略这些而只模仿“越吵越好”的部分而吵，最终导致分手。对于懒人和因神经质变得无精打采的人说不同的话，绕着弯子说相反的话。对懒人会说：“要更认真地思考人生!”而对因神经质变得无精打采的人会说：“考虑事情不要太认真!”这两种话都有道理。

因此，你应该对照自己的实际情况来阅读。生活在山里的人无须过海上生活，而应该参考海上生活来改善山里的生活。既有生在老城厢的，也有生在市中心的。每个人命运都是与生俱来的。

在阅读生活方式说明书时，也需要灵活性。马登写道：“餐后不要马上洗澡!”但现实生活中很多时候不得不这样。这时候可以灵活地少吃一点的话，就能照着说明书做了。又比如，“不要把心事带入床上”。但也并非你不想就能做到的。所以，别把“不要”当成义务。这时候，你只要想“有时候也会睡不着的”就行。

马登说：“经常保持最佳状态，精力充沛地生活，是赋予人类最大的任务。”但是，我和你都不是超人，所以不能永远保持最佳状态。

重要的是“自己的标准”。如果没有你认为最佳的标准而要偏偏遵循马登的生活方式说明书来生活，那反而徒增精神压力。重要的是，“今天 30% 就行”。

马登有很多部著作行世，是一位杰出的生活方式指南书的作者，但希望各位不要误读。即使是一帖良药，但服用方法搞错的话，也是起不到治疗作用的。

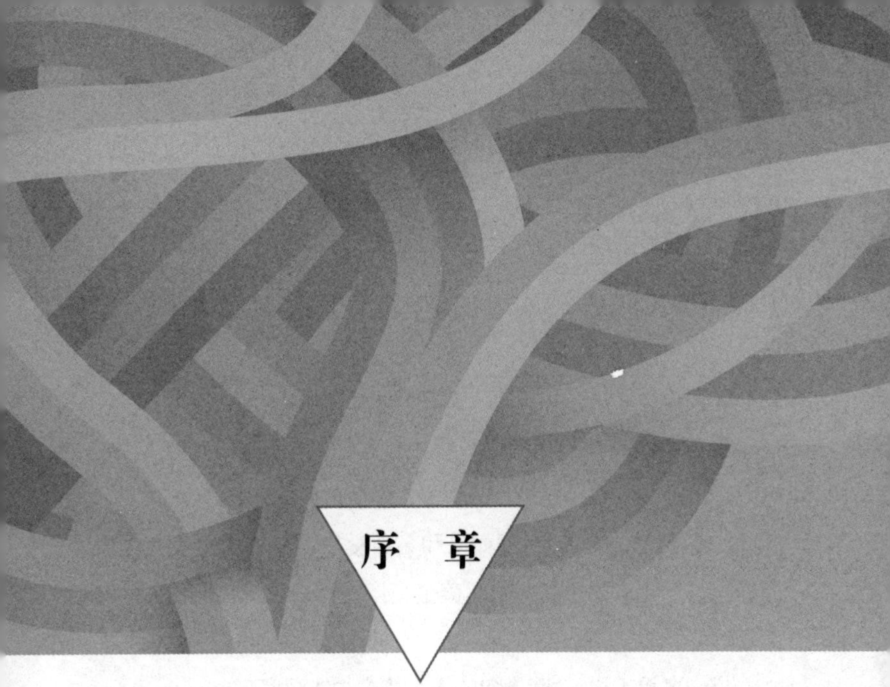

首先发现你自己的“财产”

你了解真正的愉快、真正的“生存的喜悦”吗？

现在，假设在拍卖现场，假如被竞拍的不是家具，不是书，也不是古董和宝石，而是人的生命，你会做何感想？

一名男士走上前说：“如果和名声交换，我将卖出我人生中最好的二十年；如果和一百万美金交换的话，我将卖出我人生的二十年。”

另一名男士说：“我十年的人生值多少钱呢？”

其实，这种拍卖在我们的周围到处在进行。其中有人不仅出卖人生，而且出卖灵魂。

你会将你的人生以什么代价出售呢？五年、十年或者十五年。也许你们会说：“说什么傻话，哪怕给我的钱再多，我也不会出卖这种东西啊！”但事实是，成千上万的人在做这种事情。为了再多挣一点钱，为了获得更多的名声，将自己不短的人生的一部分切割下来出售。将自己的鲜血、能量、大脑、神经等一切的一切换成钱！但正因为这样，大自然“经营”的银行户头已经透支，银行方面认为只能变卖抵押品了。目前也许只是透支，就是说对你的工作过度和操劳的不节制采取宽容的态度。但是，欠的债总有一天要还的，一直到榨干你的最后一滴血。不久，抵押品被变卖，你就被毁灭了。不过，也许本人还误以为这是寿命到了呢。

大自然原先是想让你活得更长的，但你就像大多数人所做的那样，为了钱财而出卖了自己的生命。为了获得名声和权力，或者为了挣更多的钱，为了获得更大的猎物，为了利己的目的，你什么都可以卖。你为何不放弃这些而好好地活呢？以往的你只是曾经在这里待过，并不能说真正地活过。

焦虑紧张而消耗神经，有损健康的生活习惯，违背健康准则的行为，由于这一切的一切，你自己把自己的人生割下来卖了。这划得来吗？如此挥霍人生难道不吃亏吗？财物少一点无所谓，这样你就可以活得更长、可以更好地享受和体验人生，难道不是这样吗？

我感叹，有多少人疑神疑鬼，忧郁寡欢，甚至把工作、烦恼和不开心的事带到了床上，以致生命缩短。这样的话，就不能使身心得到休息，也不能养精蓄锐。如果没有新鲜充沛的精力，第二天舒服地醒来就不可能做好工作。

干完一天的工作回家后，大自然就会给你睡眠这一帖绝妙的麻醉剂，在这期间会对你的身体作精密检查，驱除你的疲劳，使你恢复精力。这时候，你会容忍一整天纠缠你的、折磨你的、让你焦虑不安的事情跟着你回家吗？如果这样的话，还不如把你的生命卖给出价最高的人，来做一个了断更好呢。

心态决定你的人生

保持健康，正如取得成功或特殊才能一样，主要还是一个习惯的问题。所谓健康就是维持身体状况的习惯，就是做有益身体健康的事情的习惯。

“父母体弱多病，我的体质是遗传的，所以肯定不会身体健康的。”如果这样想的话，这种想法本身是最不利于健康的。这是因为总是害怕生病，担惊受怕，失去乐观生活的元气，忧郁地虚度时光的缘故。

为了充分发挥上帝赐予的力量，我们必须珍惜生命的载体，那就是我们的身体。事实上，身体是这世上“真正的我”所居住的唯一的家，所以每个人应该按照科学知识来加以保护。因为我们的身体是由上帝创造、并赋予了她生命的神庙，我们的命运取决于我们怎样来对待她。我认为，不能冷淡地、马虎地对待这么珍贵的礼物，这是无价的贵重财富，只要我们充分地发挥由上帝赐予的各种可能性，就可以升华到与上帝同样的高度。这么宝贵的身体，我们没有理由怠慢她。但事实是，我们往往怠慢了她。正因为这样，很多人原本可以活得很长却只能够活一半！由于自己的怠慢，把自己的家给毁了。

身体是神圣的，但我们却不把她当一回事。即使出现故障也不加以维修，也不给几十亿之多的脑细胞和神经细胞以营养。经常任其营养不良而过度地使用它们，要不就是过度地给予身体有害的、使其痛苦的东西。

另外，身体又是杰出的发动机，作为燃料，我们要吃各种各样的东西。但是，其中有一些是合不来的、相互抵消的东西，也就是不能一起吃的东西，我们往往会因此而得病。这时，我们就会用刺激物、用对身体不好的习惯试图来调整它。但是，只要我们具有正确的思维方法，确保身体的绝妙机制运行正常，不为疾病、不幸、挫折而烦恼，相信幸福和成功，那么我们就可以完整地享受上帝赐予我们的人生。

回归人类原本应有的生活吧。放弃复杂的、使人神经错乱的生活方式吧。当然，我不是说要你们回到灯芯蜡烛灯、公共马车的时代。要大家重新认识祖辈的简单而轻松的生活。

不要熬夜、睡懒觉，不要暴饮暴食。尤其不要饮食没有规律。也不要怄气与他人攀比。不要将几天的工作放在一起做而使大脑和神经用到极限。不要将烦恼带回家里。

要经常出去呼吸大自然赐予的新鲜空气，多走走，多动动身体。不要去碰人造的、过分刺激的东西，如兴奋剂、毒品、安眠药、酒类、咖啡等等。

可以拼命工作，但不要忘记生活。珍惜玩的时间，我们要追求一个崇高的理想，那就是“寓于健康身体的健康心态”。

实践健康，谈论健康，思考健康。决定今后能否健康的是心态，而不是药物。

将来的医生，也许不看病人的身体，而是看人的心来做诊断了。例如，医生会这样对病人说：

> 最近想些什么？有没有什么事情让你牵挂，有没有不安和担心，家里和单位有没有什么烦心事。有没有感到力不从心。有没有忧虑害怕生病而给身体细胞带来坏的影响。
>
> 原因在于精神上的，或许就是潜意识。必须先解决这个问题。身体上出现的症状不是病因，而是结果。所以，去除病状也无用，必须去除病因，其原因是精神上的。
>
> 你的心里有不该有的东西。心乱会引起身体紊乱。

将来的医生有可能会想了解你私下在心里对构成体内各种器官和组织的微小细胞说了些什么。因为细胞如果老是接受不愉快的刺激的话，那么整个身体会发生紊乱。这就是说，你的问题原因在此。

第1章

不容易疲劳的、聪明的活法

感叹“累了”的过程

当我们说“累了”的时候，意味着什么呢？专家把它称为“内分泌疲劳”。然而，即使有人这么说，我们也不明白是怎么回事。

有时候我们会莫名感觉浑身乏力、不想继续做事而想坐下来休息一下。这种感觉通常就是体内某个部分紧张过度或使用过度的证据，只要稍加休息便会恢复过来。

一般说来，身体疲劳就是如此，就如同干了一些平时不习惯的活一样，比如用锯子锯树。持续地干这种活，往往会感到手臂和肩膀酸痛，第二天会感到浑身肌肉酸痛。不过，这种痛是不会白痛的。自古就有这种说法，肌肉酸痛后会长出肌肉，就是说会长结实。

但是，神经疲劳可不是那回事。不仅不会稍事休息就会恢复，反而会越来越严重。这是为什么呢？

答案就在于人有两种疲劳这一事实之中，即肉体上的肌肉疲劳和精神上的神经疲劳。肌肉疲劳只是化学反应的问题，就是在肌肉或血液中积聚了垃圾，这种垃圾就像积聚在暖炉中阻碍空气流通、影响火势的炉灰。

将燃料放入火中，含于其中的炭便会释放出来。在燃烧中，炭会与空气中的氧气结合，产生二氧化碳和灰。同样，我们将食物作为燃料补充给身体，从肝糖中获得炭，肝糖作为能量储存在肌肉内以便需要时使用。肌肉运动后，会产生与燃烧燃料时同样的化学反应。含于肝糖中的炭与肺里的氧气接触后成为二氧化碳，通过呼吸排出。其残留物，即“灰”，则通过肺、肾脏、肠、皮肤等排泄器官排出体外。例如，当我们运动身体做工作时会出汗，这是皮肤由于急剧淤积的排泄物而润湿的缘故。

另外，就像金属经摩擦会产生金属屑一样，如果一味地无休止地工作，那么死亡了的组织碎片便会积聚在体内，不久便会引起叫作疲劳的感觉。化学分析的结果表明，这一物质是有害的。但是，如果身体健康的话就没有问题，因为只要让肌肉休息，该物质就会排出体外。在这个过程中，肌肉实际上也会变强壮。

然而，精神上的疲劳就没有那么简单了。他不仅影响一块肌肉或者一组肌肉，而是遍及全身。因为神经的功能是间接性和交感性的，所有的神经“属于同一组织”。如果将神经比作电信系统，信息会在瞬间被送往全身。各神经中枢马上会知道虽然现在只是身体的局部受染，但总有一天会发生影响到其他中枢的难忍的紧张和不测。

神经紧张的状态不可能奢望美好的人生

假设有一个叫约翰的男子用眼过度，原因是戴着度数不符的眼镜、照明过暗或者用眼时间过长。最初，视觉神经马上会“报告”这个情况。各处的神经节便会注意到这个问题。如果只是两次“报告”的话，还不至于发出警告。但如果约翰还继续过度使用眼睛的话，不仅是视觉神经，其他神经也会开始反击。控制胃的神经节受到影响后会引起消化不良，于是约翰便会受着呕心和头痛的折磨从工作单位回家。也许约翰会想：“我肯定吃了什么不该吃的东西了。”但他的神经非常了解情况，便命令约翰把房间弄暗后上床睡觉。于是，他的眼睛好好休息了十二来个小时，约翰以近一个月没有的爽快心情回到了工作岗位。

然而，约翰认为“只是疲劳积聚太多了”，一点也不改变自己的生活方式，又开始过度地使用眼睛了。于是，他体内的神经开始焦虑不安，食欲下降，开始出现某种慢性病。

只要稍加注意，身体免疫力就能提高。但每到冬天，就会有很多人由于患流感或类似的疾病而死亡。这些人，远不止像刚才的约翰那样只伤害身体的一部分，而是不断地在折磨着整个身体。然而，他们还觉得不可思议，为什么我的神经那么乱七八糟呢？为什么自己没有体力呢？

公司职员每天一清早就驾车来到离家最近的车站，然后换乘电车去市区上班。这些人一上电车便找到吸烟车厢，一边呼吸着浓烟，一边打桥牌。换乘渡轮横渡哈德逊河时也坐吸烟席，一点也没有注意到宽广的河流充满着生命之源的氧气。下了渡轮，虽然离工作单位只有五六条街的距离，但还是要乘地铁。一到单位，便连忙关闭桌旁的窗户，点上香烟。烟灰缸里的烟蒂与日俱增地堆积起来。他中午外出吃饭，点的又是套餐，外加油腻的果子面包。下班回家时，也和早晨一样坐吸烟席，打桥牌。家里院子的护理和家具的修理等事都交给了别人来做。因此，他经常发哮喘或感冒。即使某一天中风也不奇怪。这样就像自杀，跟服毒药没什么两样。

请大家想象一下这个男人的神经机制是什么状态。他的神经中枢没有一处是在正常工作的。每根神经都过度疲劳、过度刺激，并且没有被赋予足够的能量。他所需要的只是“简朴的生活”这帖良药。在私人疗养所里，挤满了前来接受“休养疗法”的有钱人。在那里，他们得到了新鲜的空气、适度的运动、简单的伙食以及不使用安眠药的睡眠，而这些都是在家里就很容易得到的东西。都是些非常简单的事情，可是不强迫却没有人主动去做。有钱人特地跑到那里出钱请人照顾。

如果神经没有累垮，那么有可能其他器官遭殃，比如肾脏病。我们所谓的文明在人类生存的硬件方面改善了许多地方，因此在减少疾病方面做出了巨大的贡献。但事实上，由于高度的文明，有些疾病被克服了，同时也带来了许多疾病。肾脏病，还有许多肝脏和大脑的疾病，可以说是富贵病。这些病的起因大多是因为各种不健康的生活习惯，尤其是过度的紧张状态、营养过度、美食、烈酒以及熬夜。富贵即奢侈的生活会引起各种各样的疾病。

没有比肾脏更受到残酷对待和过度使用的器官了。肾脏以其复杂的构造排除产生于饮食中的百分之九十的有害物质。我们每次吃含有大量香气扑鼻的香辣佐料的佳肴时，就是在折磨我们的肾脏。有些器官，当它受到欺负时就会反抗，发出疼痛的信号，比如胃。肾脏却往往不发任何信号。因此，要你命的疾病便会悄悄地恶化。

最危险的富贵病——肾脏疾病的死亡率在近十年里急剧上升。在有大量有钱人居住的纽约近郊的某个镇上，已经上升到了一百倍。

脆弱肾脏的衰弱，往往是在主人完全不知情的情况下慢慢地进行的。但是，它只是不发出像牙痛那样的简单明了的信息而已。许多人害怕肾脏检查，但说句实话，大部分肾病在初期阶段是可以完全治愈的，或者可以通过正确的饮食和生活习惯使病情得到控制的。

大型寿险公司建议投保人至少一年接受一次身体检查，以往的经验告诉我们，如果尽早地采取措施，大部分的身体不适是可以防止向大病发展的，即可以延长寿命的。

但是，我们并不认为只要长寿就可以了；既然活着，就要享受人生，尽力把工作做好。但神经高度紧张、不堪忍受的话，那么就不能指望有美好的人生。

"毒"和"药"都是你的身体制作的

说起"毒"，我们便会马上认为是讨厌的、必须回避的东西。毒分为两种：一种是急性的，另一种是慢性的。两种毒都很危险，但后者却更为狡猾，不能忽视。并且，许多人一生都不知道自己的问题在哪。问题在于疲惫了的神经。我认识好几位非常有魅力的人，一旦神经系统中了疲劳之毒，或者精神因疲劳而遭受折磨，那就魅力全无了。如果不进行静养，不依靠大自然的力量调节身体状况的话，那么魅力就不会重现。

被疲劳之毒侵蚀后，会变的多么不具亲和力、不可爱、易发怒，这些本人是不知道的。当疲惫不堪时，做生意和工作都会不顺利。虽然在单位里有可能会忍耐一下，可一回家就控制不住了。他想："我在家里可以我行我素了，是我养活了这个家。谁都不许说我什么。"

神经疲劳后，几乎每个人都会将自己的缺点和弱处暴露无遗。一个好人，当他筋疲力尽时，会做出身体好的时候想都不敢想的事情，被人埋怨道："发什么火呢?"发火是因为神经疲惫，因为疲劳之毒使人暂时失去心理平衡，将自己平时不会让人看到的最柔弱的部分暴露无遗。

事实上，神经积劳成疾，最大的受害者是家庭成员。很多家庭陷入悲惨的状态，其原因在于家庭的生活环境缺少变化、生活单调。人不能只靠面包生活。可以说，没有人会安于单调的生活。

有一对姐妹，长年饱尝人间地狱的生活，这对姐妹吵架不断，背后互相中伤、挖苦。对于她们无休止的争吵连邻居也不堪忍受，纷纷搬迁而去。偶然的一次机会，她们搬到了很远的地方，开始在新的环境里生活。这次搬迁给她们带来了奇迹。由于长达四分之一世纪的、几乎没有任何变化的、单调生活，使她们的神经疲惫不堪，而以搬迁为契机，就像使了魔法，她们的人格发生了巨大的变化。由于乔迁新地，可以从与以往不同的角度来审视人生了。

借休长假、到国外旅游、搬迁等机会，解决家庭矛盾、远离离婚危机，这样的事例也是屡见不鲜的。

几乎所有的男性都没有发现，由于日常生活太缺乏变化，家人容易上火，家庭处于崩溃的边缘。曾经有好几次听到年轻男人说："妻子结婚后完全变了一个人，总是无精打采，闷闷不乐的。"但是，其原因也许在于丈夫。也许这些妻子是在开朗的、充满欢乐的家庭中长大的，说不定在结婚前几乎没有发愁担心的事情，过着丰富多彩的生活。但一结婚，便封闭在新的家里，与以前有交往的朋友也日渐疏远，被束缚在单调的家务事中。这种生活的变化给她们的性格和脾气带来了很大的影响，这也难怪。许多年轻妻子变得沮丧，悲观失望。想让丈夫觉察到一点什么，但毫无效果。也难怪她们渐渐地就气色消沉，容颜褪去。

所以，要想不失去妻子的爱，希望妻子永远活泼、年轻、幸福，就必须把妻子的生活变得丰富多彩，必须创造外出和度假的机会。妻子需要快乐，需要环境的变化。

自己可以想象一下和普通主妇过着一样的生活。忍耐不住单调的生活，或许不出半年就会去精神病医院的。切勿忘记自己的生活和工作要比妻子的丰富一千倍。你有很多机会与人见面，做好一件工作便会有成就感，有许多机会给自己以信心。

能够解除任何疲劳的最好方法

通常感到的疲劳和来自难以忍受的紧张而引起的疲劳是不同

的。不可思议的是，人做自己喜欢的、有兴趣的、乐此不疲的事远远多于讨厌的事情。如果不是全身心地接受必须做的事，那么总觉得会投入不进去，马上就会疲劳，失去兴趣。

另外，没有希望、让人感到没有前途的单调工作，也会使人疲惫、意气消沉，这就是由于老是使用同样的肌肉和神经的缘故。

非常喜欢工作、全身心投入其中时，就好像有一种物质释放到大脑和神经系统，使疲劳骤减或使感觉疲劳的周期大幅度地延缓。这种工作近乎游玩，身心得以放松，疲劳解除而又充满新的活力。

我们还可以改变心情来解除疲劳。能亲身感受到的就是，当你疲惫不堪回家时，正好你的旧恋人、老朋友、老同学来访，彼此欢谈往事，不知不觉之间疲劳便不见了踪影。

与孩子蹦蹦跳跳玩耍对解除疲劳也有用。另外，观赏戏剧和歌剧或尽情从事合理的娱乐活动也有改变心情的效果。

孩子整天玩，只要大人允许，一直可以玩到很晚。到了要回家睡觉的时间了，也停不下来，因为太有劲了。问孩子累不累，肯定回答说："一点也不累，还想玩。"

整天做自己很喜欢的事的日子和做单调辛苦的工作的日子，两者的疲劳是完全不同的。由此可见，累与不累不仅仅是身体的问题，心理因素也在起着作用。当作不想做的事时，心理上的有害物质也会随之起作用。哪怕有一点点“不想做”的想法，该物质便会积聚。

疲劳是很危险的东西，当其达到极限时尤其危险。会在体内各种组织中产生有害物质，成为身体异常和疾病的诱因。在这个时候，也许本人还没有发现，但肯定已经置身于巨大的危险之中了。

我经常发现，红人、善于交际的人、无论何时与何人相处都能很轻松的人，都是具有活力、一看就是很有生气的人。当我们思考健康对人的影响时几乎不会作过度评价，人生的所有场合，健康具有重要的意义。缺乏活力就是能量不够，缺乏生气。换言之，就是记性差，没有决断力，缺乏思想集中力。

想要提高思考能力，就要更健康，就要有一个更具能量和活力的身体。我不知道还有比这更好的方法。给自己增加活力，就是你能作的最有利的投资。

如果要想有更多的收入，想挣更多的钱，必须健康。如果健康，就会有充沛的精力，就会更有独创性；脑力和道德勇气都会提高。你的人生会变得更愉快，会提升满足感、幸福感、做事的效率和成功的可能性。

你在生活中有没有释放积郁

巨大的蒸汽火车头顺利飞驰，活塞和主连动杆轻快地前后运动着，机械发出低沉的轰鸣声，一切正常。突然轰鸣声大作，接着便响起一声巨大的蒸汽喷出的声音。但是，驾驶员眼望前方不为所动。因为他熟练的耳朵只要一听声音就能知道发生了什么。锅炉内蒸汽积聚太多，多余的蒸汽从安全阀里喷了出来。

或者在行进过程中锅炉开始抖动起来，发出吱吱嘎嘎的摩擦声，火车像刹了车一样开始减速。但是，这时候司机也不慌不忙地给锅炉工发指令：“比尔，把油壶拿来加点油。轴箱发热了。”

被称为神经衰弱患者的病状，大多与第一个例子相似，蒸汽压力太大了。由于“释放”的缘故而大发脾气，连自己也觉得惊讶。但暴风雨过后，自己会觉得非常害羞。

有时候是因为营养不良、维生素缺乏而引起的，于是身体的某个特殊部分会首先提醒我们注意这个情况。这很像“轴箱发热”的例子。我们也需要“油”。

之所以你的列车被其他列车一辆一辆地超越，是因为火车头、线路以及车厢有问题，为什么你没有发现呢？火车头肯定有问题。也许炉子空气不足，炉内燃料积聚过多的话，会影响空气流通。要不就是燃料有问题，只要换燃料即可，即得到火旺而渣少的燃料。

许多人想用势头弱的火让生命列车飞驰。如果因空气不足而熄火的话，就得不到飞驰所需要的温度。周围的人比自己跑得快，总有原因的。你的列车的速度相当于货运列车，即使憧憬特快列车，以你列车现在的性能是不可能的。

痛苦是“极限”的信号——你有没有忽略这一警告

过去，商业工作也是马马虎虎的，员工迟到是家常便饭。而如今严守时间和速度是商业的铁律。电车按时行驶，远洋航班也基本上准时起航。任何事情都按时间准确地运作。如果你的火车头破烂不堪，跟不上速度，那么要找出问题所在。而且，神经就是为了告诉我们何处不适而存在的。

痛苦，无论什么痛苦，是大自然赋予我们的自动的速度调节装置。我们有时候只要速度过快，就会感到痛苦。这是现代生活共同的缺点。设定的速度过快。无论商业还是社交，我们被要求很多，大家就在健康的临界线上硬撑着。玩的时候也需要很大的精力。跟朋友一起玩桥牌到深夜一、二点，平时打到深夜也是司空见惯。跳舞跳到深夜，把第二天工作所需要的精力用以殆尽。一切都是这样。

由于生活在这样紧张的节奏中，因此我们的压力表指针总是指在极限附近。并且不幸的是，碰巧安全阀经常堵塞，所以不能像火车头那样容易把压力降下来。我们依然为了增加蒸汽而不断地加煤，一直向前奔驰。于是，某一天，该来的终于来了。“砰”的一声巨响，什么东西坏了。结果，又给专家增加了一个研究对象——精神病患者。

请大家不要忘记，人这种机器比任何机器的结构都要复杂。每个零部件都是不可或缺的，就是说彼此有着某种关联。即使像胰脏那样不起眼的内脏器官如果不工作的话，也会引起麻烦。神经中枢是一个接着一个传递信息的，交感神经失调，会引起全身故障。就如轴箱过热非常危险时烟雾会告诉我们的一样，像疼痛那样容易觉察到的感觉会告诉我们出问题了。

如果有一个司机，无视警告而不假思索地继续让列车飞驰，你会怎么想呢？你肯定认为他是一个多么愚蠢的家伙。同样，不假思索地让人这部机器持续运转的话，你也是一样愚蠢。例如，在驾车时引擎发出咯咯声，后轮车轴嘎吱作响，如果你熟视无睹的话，你也知道是不会有好事的。所以，在来到最近的修理厂之前，你肯定会小心驾驶。然而，对于自己，为了不被别人拉下而过度地工作，使身体过度疲劳，然后说是要“犒劳身体”，却用酒精和毒品过度刺激，或者用镇静剂等药物来麻痹神经，这种人何其多！

我们如此来抑制疼痛，让其感觉不到。神经的功能暂时被迫停止。被过度使用的身体不出声地颤抖着、痛苦着。在这期间，我们依然全速行进，谁落后谁遭殃。

身体这个机器有各种各样的坏法。很多情况下，神经先于身体出问题。需要修养的神经疲劳，看似我们的敌人，其实可以说是我们的朋友。因为神经疲劳了就不得不休息，将身体上损坏的部分加以修复。当然，使用过度而导致不能修复，那就是另一回事了。

不管怎样，对于呕心、消化不良、疲劳等大自然发出的危险信号，几乎所有人都以为是跟你闹着玩的，不必在意。自然法则再神圣，人可以打破它，即使无视疼痛这一大自然发出的危险信号，也不会被罚款，人们好像都这么想。

在宇宙中，没有比人的身体再精巧的机器了。它的运作机制是微妙的，需要细心呵护。所以，只要稍微出现差错就会发生故障。但是，我们却一刻也不给它休息，以各种形式虐待它。既不给加油，也不对损坏部分进行维护，用超负荷的速度运转机器，总是要求出非同寻常的成果。给过多的营养和有害物质，一个劲地往前赶。但是，一旦身体不像平时那么正常工作了，或者不听自己的了，就会大惊失色。

许多人甚至从不给身体这部机器进行保洁和加油，也不对损坏的部分进行修复。但是，当不正常了，螺丝松了，接头处发出嘎吱声了，就会埋怨。并且，总是期待它工作起来称心如意，非得要它不减速继续行驶才满意。

大自然是多么勤快地向我们发出报警信号！这就是头疼、食欲不振、精力衰退、慢性疲劳，但我们却补充燃料、往炉子里加空气、无视信号继续疾驶。并且，经常是把它损坏到不能再用的地步。

在美国，一个月内因可预防的疾病而死亡的人数可以与南北战争阵亡者匹敌。一年可以和波士顿的人口匹敌，十年将达到六百万人。

心理所犯的最大过错有四个：愤怒、恐惧、沮丧、慌张。身体的疾病被医学的力量克服了，但每年却有数万人遭此四个敌手而死亡。大肠菌痢因卫生条件的改善而锐减。白喉也因新治疗法也得到了同样的效果。由于科学和医疗技术的进步，几个过去非常恐怖的疾病已经从地图上消失了。婴儿和儿童的存活率上升，而中年人的存活率却迅速下降了。如今，因衰老而亡故的人非常少。我们和过去相比，在更年轻的时候就把主要的脏器损坏得一塌糊涂。由于养成了脱离常轨的生活习惯，经常过着刺激的、辛苦的、紧张的生活，即使不患病，神经也会受损。

更沉痛的是，这些病的大部分是可以防患于未然的。

神经不是“敌人”而是“最好的朋友”

读到这个标题肯定会有人产生怀疑，“这是真的吗?”这也难怪，神经真的不是敌人，而是最好的朋友。

请大家想象一下，如果身体内没有神经，所有器官彼此各行其是，我行我素，那会怎样呢？当然，这种事情不会发生，就如汽化器、活塞、蓄电池不工作的话，马达不会发动一样。但是，假设即使发生异常，感觉器官也不向大脑汇报，那会怎样呢？就如嗅过乙醚麻醉药和三氯甲烷的病人一样，既不会感到疼痛，也不会感觉不适。可是，其代价是何等的大啊！

疼痛是大自然发出的警报。如果没有这种功能，不管你愿不愿意，人会急速走向毁灭。身体各个部位到底发生了什么，在完全衰竭之前是不知道的。

疼痛总被人认为是讨厌的东西，但实际上是好东西。疼痛会告诉我们何处有问题，一直警告我们直到疾病痊愈。医生知道，不感觉疼痛，就不知道何处有疾病。事实上，如果有疼痛，就可能更准确地进行治疗，能帮助作诊断。疼痛对医生来说，是体温表，是病历卡。

舌苔厚、胃不适、消化不良、肢体某部位疼痛、头疼、黄疸等，这些是大自然为了提醒我们而发出的各种危险信号的一部分。倦意，尤其是早上的倦意长时期持续的话，就危险了。体重减少、食欲减退、忧郁、长时期的萎靡不振，都是身体某处发生异常的征兆。这些都在告诉我们："到户外去运动运动，要散散心，要玩玩。"我们必须准确读懂信号，理解其意义。

为了不让自己的身体"罢工"

"降速省十美金"，这条标语高挂在通往纽约近郊道路的旁边，警示驾驶员。

我想，多数男女员工能够从中得到教训。如果能铭记这条警告；能够将现在为了赚钱而拼命疾驶的速度稍微降下来一点；能够放慢节奏而不使神经疲惫；能够保持良好的心态，珍惜大量的宝贵能量，不浪费精力，并且避免过多消耗精力以致影响家庭生活，那么有什么能比这更好吗！

我每次碰到某位纽约的商人，他总给人一种慌慌张张的感觉，老是焦虑不安。时不时地掏出手表看时间。经常对我说："工作太忙，不知道该怎么办。"对人也像口头禅似的老是说："工作时老是有杂事来打扰，晚上也必须加班到深夜。"

神经对身体状况非常敏感。只要有一点体力下降、精神稍有不振、身体某一部位发生故障的话，大脑功能马上变坏。反之，健康、有精神、体力恢复了，那么大脑功能就会马上好起来。

心情舒畅时，工作效率也高，也会出卓越的成果。因为能够充分发挥实力，就能使我们手头的工作接近最理想的程度。如果身体垮了，大自然将这个事实告诉我们时，我们不可能有好心情。

如果我们打破各种让人健康的准则，那么身体各个器官的协调将被打破，彼此不能和谐工作了。各器官不再工作，放弃各自被赋予的使命，为抗议虐待而开始罢工。

当发生疼痛和不适等症状时，我们便会极度地埋怨。但是，如果没有来自大自然的警告，那么大部分人是不能活到成年的。如果没有疼痛的感觉，不知道哪里被烧伤了，也不知道哪里被打了，那么很难想象到死的时候你的手指、耳朵、鼻子还会保持着原来的形状。如果没有疼痛感，孩子们会将烫的东西一把抓起而烫伤手指致其不能动。喝下滚烫的东西而让喉咙和胃烫伤。如果没有切痛感，那也许就会用刀把手脚切断。

如果不感觉疲劳而持续工作，那么总有一天大脑或肌肉会受到伤害，被野心驱使而过劳死。但是，如果你留意到神经送出的信号，在适当的时候结束当天的工作的话，就不会那样了。

总是有股微量的能量如潜流那样流过神经，即使在我们睡着时也不停止。这个潜流会因连大脑也不会觉察到的刺激而在感觉器官中产生。一切顺利时，这些微量的刺激聚集起来，创造出成为生命之源的强有力的潜流，我们称其为“舒服”。但我们自己也不明白为什么会“舒服”。但是，感觉器官受到不快刺激时，首先会产生微小的不快感觉的潜流，然后由好几股潜流聚合在一起形成大的潜流，这时我们会感到“不舒服”。

神经之源总在流淌。有关健康的信息从一个中枢传输到另外一个神经中枢，总是处于警戒状态。身体某处发生疾病时，如果治愈了的话，信息便会依次传输到各个中枢并得到更新。这一喜讯传输到一个又一个神经中枢，直到整个神经系统发出欢呼。神经传递信息非常快，而且比起不好的消息，它更喜欢传输好消息。

但是，即使发源于感觉器官的潜流被引向了错误的方向，神经也会一如既往地注意周围一切，以便随时能发送信息，兢兢业业地发挥自己的作用。因为动物要生存下去必须这样。当各个中枢接到不好的信息，并因此而加重了自己的疾病时，中枢能做的、也是唯一可以做的事只有一个，那就是向大脑发送信息，但此时的语气渐渐加重：“停车！刹车！情况不妙！”实际上这是非常友善的行为，却往往不被接受。

神经的运作机制本身就是一个完美的体系，借助这个体系宇宙的巨大力量就能对动物的肌肉产生影响，这一点我们必须明白。神经是赋予物质以生命和行动自由的力量，即认识上帝的线索。没有神经，我们就不能自由地行动，只能是无力的、绝望的一团赘肉，是任凭风吹浪打而漂浮的水母。正因为有了神经，我们才能一步一步地升华为万物之灵。

心会比身体更早地燃尽

有位名医在仔细为病人作了检查后说："没什么病，只是神经疲劳而已。"

听到这，病人松了口气，心里嘀咕道："没什么病……只是神经啊。"但是，当医生走到药柜前准备取药时，轻轻地摇了摇头。长年的经验告诉他，这名患者比较麻烦，比确诊哪里不好的病人更麻烦。然后，医生要这位工作繁忙的商人到远离工作的地方，百慕大、佛罗里达、加利福尼亚，哪里都行。虽然病人有点不愿意，说还有几笔大生意要做，但还是听从了医生的劝告，不过心里却在咒骂："都是神经不好。"

下面一个病人是一位女高中生，听说参加了篮球队和剧社，在辩论社团担任部长，并且还在空余时间上音乐和舞蹈课。医生瞥了她一眼后严肃地说："似乎有点神经衰弱。好好休息，一个月后再来看。"

"不过，医生……"少女声辩道。

"莎士比亚说没有什么'不过'、'但是'，"医生虽然面带微笑，但斩钉截铁地说，"这种病药是治不好的，必须休息。"

少女想不通，“哇”的一声哭了起来。和刚才的那位患者一样，在心里骂道：“都是神经作的怪。”

这些都不是编出来的。几乎每个医生门诊室里每天都能看到这种情形。神经！神经！神经！我们每个美国人都被神经作弄。

追溯历史和传记的记述，里面不乏其例，很多人在寿命未到之前，生命之火就已经燃烧殆尽了。

伟大的植物学卡尔·林奈由于过度用脑，神经受损，非但不能工作，连自己的名字也忘了。柯克·怀特在牛津大学得了奖，却因此缩短了寿命。他在夜间搞研究，为了驱赶睡意服用各种各样的刺激物和药物，二十四岁就谢世了。被称为“世界上最优秀的人物之一”的英国神学家佩利，因过度劳累而死于六十二岁。

耶鲁大学的校长蒂莫西·德怀特年轻时曾经因过度劳累而差点死去。当时，德怀特一天在大学里搞研究花九小时，作为教师上课花六小时，从不从事运动。一直过着这样的生活，终于患了神经过敏症，焦虑不安，一天读不了十分钟的书。大脑用到了极限。为了恢复健康花了很长的时间。

为什么要责备“信童”呢？

那么，神经究竟是什么呢？我们先来了解它。

动物的起源可以追溯到仅仅有一个细胞组成的非常单纯的

柯克·怀特，托马斯·巴伯（Thomas Barber，死于 1843 年）绘。

生物。从一开始就是一团肌肉能量，没有感觉、感情、愿望。然后，随着时间的流逝，细胞成长、分裂，又分化为各种形状的特殊细胞。最初出现的动物只会无所事事地吃、睡、繁殖。因为是按最基本的本能生存的，所以不会被神经烦恼。

神经细胞经过很长的时间，成为在维系大自然和人类的所有媒介中最纤细和敏感的东西。这种细胞由一个核和像树枝那样繁衍开来的细线组成，布满全身。神经的作用就是捕捉来自外部的刺激和感觉，并传输给肌肉。肌肉接受信息后开始工作以保护身体。

举一个身边的例子，就是小孩碰到发烫的炉子时的反应。神经会说“烫!”，肌肉马上做出反应把手缩回来。即使小孩沉睡着，忠实的神经和肌肉会保护小孩不受伤害。

若把神经系统比喻为树的话，那么相当于树干的部分就是在病理学上说的“神经轴突”，而相当于树枝的部分就是“神经树突”。神经细胞的作用就是为了让神经轴突和神经树突能够准确地工作而输送充分的营养。

成年男性的神经轴突的长度达几英尺的也不在少数，但能用肉眼看见的只是在它们成为像电话线那样的束状时，这束状物呈白色，实为数多神经的集合体，这就是一般所说的“神经”。

神经轴突的作用如同电话线，只输送信息。神经轴突通过宛如树梢的细枝互相连接、互相交织的神经树突这个媒介来接受信息。这两种突起，形成被称为“突触”的结合部。某种感觉通过神经树突传输到突触时，突触把接收到的印象传到神经轴突，神经轴突经过神经节或中枢神经，最终传送到大脑。完成这一过程只需要千分之一秒。

如果信息是来自外部的话，最先接受印象和刺激的是被称为“感觉器官”的敏锐神经的最前部。它像一名站在入口处的看门人，或者像一名电信工程师，将各种信息即时传送到神经中枢，例如“热”、“冷”、“有人碰了我”、“脖子被领子磨破了”，等等。

但是，这电信工程师对自己发送的内容完全不感兴趣，有可能是高兴的，也可能是悲伤的，也可能两者都不是。它的工作就是传送收到的所有信息。通信手段只要机器工作正常、线路畅通就可以了。假如有问题则在于信息本身。

责备带来坏消息的神经，就好比信使带来了转达噩耗的文件而责备他一样。神经只是转达了我们应该知道的事情而已。

人的身体不是一两年就会衰弱得卧床不起的。这只要看一下结构精致的身体的任何一部分就可以知道。不仅如此，我们还知道，我们还可以变得更高大、更完美、更阳刚、更有力量。

我们即使过了五十岁，不，即使过了六、七十岁，我们还能做最出色的工作，我们必须有这样的人生。事实上许多人都在这样做。

人类在很长时间里都在从化学物质中寻找长生不老之药，而实际上这药在于我们自己本身。

大自然给了我们不断更新的自我再生能力。体内的细胞通过新陈代谢不断地再生，在功能特别活跃的部分，其代谢的速度也特别快。

如果我们在心态上不犯错，体内的细胞总是保持在协调的、完善的状态，每一个细胞中隐藏着使人健康的力量。

下面，我们再学点有关神经系统的知识。并且，我们要弄清问题的症结，就是：“真正不好的是谁？”

第2章

不让能力休眠的“身心”大原则

习惯对神经具有什么影响?

无可置疑的是，日常生活会给神经能量带来巨大的影响。如果生活方式聪明健全，那么能量就会不断地得以聚积；如果生活过得愚蠢，那么就会白白地失去能量。

自己是否在浪费能量？是否以各种形式一点点地将自己的力量挥霍从而浪费自己的人生？几乎没有人意识到这一点。

我很早就认识一位女士，她几乎没有一分钟是安静的，总是不断地变换着动作：局促不安地玩着自己的手指，不停地动着手或脚，挤眉弄眼，一分钟里好几次用手去摸脸、抓头发。因为不能安定，所以老想坐摇椅。结果，她的神经衰弱了，但她没有意识到自己精力分散，大大地浪费了自己的神经力量。

不能忘记肌肉的疲劳和神经的疲劳不是一码事。神经只是向其他器官传递疲劳的信息，如果像这位女士一样有这么一个不良习惯的话，那么神经就必须片刻不停地汇报这些事情了。

我们的神经很有耐心，几乎是不知疲倦的。但我们却说“神经累了”，“神经吃不消了”，“神经焦急了”，“神经疲惫了”。但这些说法都是不正确的。那么，是什么带来崩溃的呢？

事实上，神经是身体中最不容易疲劳的器官。即便是老人，神经在大多数情况下工作得非常敏锐和活泼。不好的是突触，即各种神经的集合体。这就像一个电阻盒，无时无刻地将捕捉到的数千个不同的感觉输送到不同的地方，最后输送不畅而堵塞。这时，我们的“神经”就会感到疲劳。

神经创造习惯，习惯创造人生

事实上，暂且不管好坏，形成习惯的是突触。突触是单向行进的不回头的活板门般的东西，起着水管和蒸汽管的闸门的作用。它的凸缘装在一个方向，水和蒸汽可以顺利流入，但要流出的话就会关闭。

假设有一个生来第一次抽烟的少年，他也许不会觉得味道好。神经汇报这一新的感觉，突触把它记录下来。少年再抽一根，于是这些细小的闸门努力地去习惯它。少年又继续抽烟，突触开始习惯烟草这种镇静剂，并且开始自己想要。而且，越给越想要，上了瘾。于是，人为了抑制这种不能治愈的欲望，开始试用各种牌子的烟。

喝威士忌也是同样的道理。威士忌会马上在突触起反应，给予全身以舒适的感觉。于是，越喝越想喝，这就是饮酒习惯的开始。

耶鲁大学的埃利奥特·帕克·弗罗斯特博士对这一情况作了

以下说明：

> 简言之，例如，看到一杯啤酒而产生冲动。这种冲动有的会经过突触 a 释放到某块肌肉，而有时候会经过突触 b 而释放到另外的肌肉里。前者，此人想喝啤酒，后者不想喝啤酒。冲动像电流一样，会从最容易流入的地方流去。也就是说从阻力最小的突触流过。
>
> 一般而言，习惯无外乎就是一个突触中原有的阻力没有了，而另一个突触中的阻力加大了。而且，改变以往的习惯，养成新习惯正好是一个相反的过程，阻力大的突触变弱，阻力弱的突触变强。

但是，促成生活习惯形成的并非只有突触，由突触带来的非常基本的神经功能只作用于肉体表面。那心理又是怎么回事呢？习惯的养成，是在体内发生的生理过程，同时也是心理过程。

我们重新来讨论一下生来第一次抽烟的少年吧。不是说香烟味道不好，也不是说抽烟后不舒服。因少年所处的环境，有可能使他不再抽烟。如果少年认为抽烟是一种愚蠢的行为、不懂事的行为，或者家里有人讨厌抽烟，那么特定的神经阻力就会增大，也许他就不会再抽烟了。

但是，如果朋友抽烟，那么少年看到后就会想抽烟，或者想学他们。这种伙伴意识，有一系列的降低突触阻力的作用，但另一方面，烟草的难闻或由此而引起的呕心等不适感也会使其他突触变得最小。两者是保持平衡的，但有一点差异就会崩溃。而另一方面，经常抽烟的人和完全不抽烟的人，其某个神经线路的阻抗明显小，稍微有点误差也不会有什么不同，成为习惯后的时间越长，就越难改变其行为。少年长大成人后，就改不了了。

最容易养成习惯的是在两岁之前。儿童的神经系统与成人相比，对刺激的反应和拒绝能力快得多。

例如，让我们来考察一下偷懒习性。假设有一个起居习惯差、不喜欢运动的少年，这是由于一群突触已经习惯于冬眠状态的缘故。如果不给予刺激叫醒他，突触就一直沉睡着，越睡得舒服就越难叫醒。我曾经在学校里见过完全没有学习欲望的孩子们。其原因在于错误的神经反应。问题不仅仅是新突触的阻抗，难的是改变习惯。曾经几度抵挡不住诱惑，如今已是懒惰成性。要养成勤劳这一新的习惯，必须让刺激从与以往不同的突触通过。不过，问题是，怎样堵塞经过以往突触的渠道呢？

习惯是左右人的一生的重要因素，结果暂且不论，养成怎样的习惯就有怎样的人生。由此可见，习惯在我们人类的深处——即神经里——发挥着作用，给我们的行为和健康等两方面带来影响。

任何人都在追求的“灵丹妙药”是什么？

不良习惯会引起疾病。很多医生发现，疾病的真正原因在于患者错误的生活习惯。不纠正生活习惯，去掉其原因，患者不能恢复健康。但是，许多患者听了医生的话就生气。“必须得改变生活习惯，少喝点酒。不要用刺激物，也不要熬夜。否则就不能恢复到像以前那样了。”并且他们经常换医生。教患者走正确道路的医生被他们一个个扼杀。患者希望想要一种只要从瓶中服用就能痊愈的药。不想改变生活习惯，也不想改变目前的生活。不想每天按时睡觉，不想好好咀嚼食物，也不想放弃美食，吃对身体有害的食品。患者想找的是，能让自己持续以往的生活、又能够给自己治病的医生。他们想要的是放在瓶里或盒子里的口服药，因此年轻医生最终会想：“给他一些能提神的强壮剂，暂且先对付过去吧。”于是，患者依旧维持以往的危险生活。维持以往的生活，是许多患者绝对不会放弃的东西。

但长此以往，任何时候病情恶化也不奇怪。如果是诚实的、有良心的医生的话，就不会迎合患者，会直率地告诉患者问题在哪、怎样才能恢复健康。哪怕这个医生心里想：“我要是说了，这名患者就不会再来了，也许会去找其他医生或者寻找其他药物或治疗方法。”

如今担任公职的人，大部分可以说是经常处于疲劳状态。我在访问华盛顿的国会时，知道了这个事实，震动很大。虽然都是一些有才华的人，但由于健康受损，不能再担任要职。由于我行我素的生活和缺少运动，体内积聚了多余的脂肪，肌肉松弛了。

已故的参议院议员蒂尔曼自己也认为自己健康受损是因为不规则的生活，听说他得了中风半身不遂以后才明白的[1]。他说从那时起就不得不彻底改变生活。还说，做议员的同事们由于奢侈的生活和缺少运动，寿命肯定缩短了。议员们几乎整天一动不动地坐着，大脑充血，全然不做消除疲劳的事情。并且，在狭窄的会议室内经常抽烟，一天要完成各种晚宴和应酬。这样的话，任何时候病倒也不奇怪。

与此相反，前总统罗斯福是担任公职的人员的榜样，非常健康。他杰出的政治手腕很多源于他的生活信条：“健全的精神寓于健康的身体。”下面我们来介绍他著名的逸闻。

缺乏运动也会给大脑带来“赘肉”

罗斯福总统在任期间，有一天说出一句话让在陆军部工作的官员大吃一惊。“下周六我们一起去郊游吧。”这不是命令，而仅仅是邀请，但他认为必须全去。总统的郊游是什么，在华盛顿已经非常出名，无人不晓了。每天坐在写字台前肌肉松弛的官员们感到这下完了，心神不安。

他们的不安成为现实。那天，总统带领官员们翻山越水，不停地行走。飞跃小河，攀登岩山。即使树木倒下、石块掉落也不绕道。大家累得筋疲力尽，拖着双腿好容易才摸到了家。但是，只有总统和两三个对自己的体力有信心的人却感到非常“爽”。

另有一次，在要求将骑兵将校的资格标准改为三天内跑完一百英里时，从部分官员口中传出太严格的声音。于是，某天早晨，总统从白宫的马厩里牵出马来，带上两名将校，只在中午换了一次马，用了一天的时间就跑完了一百英里。

罗斯福本人是个榜样，他告诉人们运动有益于健康。小时候的他体弱多病，整年苦于哮喘的发作。发作时如果不在床上让父亲扶住身体就不能呼吸。但是，他不屈服于此。开始了拳击和骑马，无论天气如何，总是在户外活动。结果，在成年之前，打好了以后健壮身体的基础。

不要勉强自己“该走动走动了”，要轻松地走动走动，这是迈向健康的第一步

神经和大脑疲惫时，没有比新鲜的空气和运动更有效的良药了。坐办公室的人绝对需要这种心情的转换。可以尝试一下午休时的散步，肯定会对下午的工作带来效果。

步行是最好的运动。顺便说一句，行走时注意正确的呼吸法，如果能抛弃“必须走”这种义务感的话效果更佳。如果是居住在离单位一二英里的公司职员，哪怕只在上午，都可以以步代车上班。那一天，你肯定状态很好。

乔治·H．菲奇在《聪明的生活方法》(*The Sensible Life*）一书中说：

> 廉价车热卖以来，为了享受而行走这种行为已经变成过去式的东西了。非常遗憾。何以见得？因为没有比行走更利于健康、更容易欣赏的体育项目了。如果美国人也学一下英国人的走路方法，肯定受益匪浅。在英国，无论身份高低，男女都善于行走。即便下雨，都会走上五英里或十英里的路去郊游。到英国访问的美国人对一件事情感到不可思议，多雨的英国不太看到雨伞。英国人一下雨就身着雨衣、头戴防水套。简直就像沐浴明亮的阳光一般慢吞吞地行走在大街小巷和田间小道上。

菲奇接着在书中又写道：

在汽车普及的三十年前，自行车大为流行。有钱人和穷人都骑自行车。自行车不是那种剧烈的体育运动，最大的优点是能够以不快不慢的速度到处走。从这意义上来说比汽车更好。因为以一般的汽车速度是无暇慢慢欣赏珍奇景色的。如果不怕被别人嘲笑落伍的话，现在也可以骑自行车大大享受一下。价格便宜，方便而又有趣。最适合休假日去近郊旅行。

另外，奥斯丁·弗林特博士也说："我认为比起目前所知道的任何治疗法，都不如在户外运动对疾病有效。"但是，过度的运动不仅不能锻炼身体，反而会消耗体力。因此，容易兴奋的人和体质虚弱的人不要在晚上八点以后进行容易让人兴奋的运动。晚上在健身房痛痛快快出场汗固然不错，但此类人多有烦恼，上床后两三个小时睡不着觉。这种时候，你只要喝一杯可可或牛奶，稍微吃一点奶油面包的话，肯定是头一靠枕头就睡着。临睡之前吃点东西，对于加班从事脑力劳动而睡眠不好的人也许会有效果。

每天到户外运动对任何人来说都是需要的。如果懈怠，那么寿命就会缩短。要做到每天有两小时在户外过，适当地做些运动。如果身体健康，就能保持年轻，这跟年龄无关。并且，即使说大脑好不好使取决于身体是否健康也不为过。

美式足球教练沃尔特·坎普是软式体操的提议者。创意源自动物，它们即使被关在笼子里也能够通过有系统地伸缩各处肌肉保持体力。例如，起床后或临睡前，可以做做以下体操。先挺胸站直深呼吸，这时候慢慢地边抬手臂边吸气，边放下手臂边吐气。最初可以做六次，然后十次、十二次、十五次，一点点增加。还有一种就是每次吸气都伸腰。仅仅做这些就会感到血液从心脏向手脚尖、身体各处流，你肯定会大吃一惊。

其他的还有使用哑铃等等，自创一些体操来做。早晨的冷水澡可以让心情变得舒畅，不失为一项好运动，但切记勿勉强。从夏天开始是坚持长久的诀窍。如果冷水澡不行，那么用粗毛巾蘸点水擦拭身体也能起到好的作用。

另外，室内温度白天保持在二十到二十一度之间；夜晚，哪怕是冬天也要把窗充分打开。

如上所述，只要做两三件简单的事，可以节约一笔给医生的开支。并且，能够保持无论发生什么都能迅速做出反应的健康体魄。

什么是不散心的人要付出的巨额“罚款”?

美国现代生活方式的紧张程度改变了人们的常见病类型。肺结核等疾病渐渐消失，取而代之的是心脏病、神经衰弱、中风等疾病增加，人在某一时刻会突然病倒。总是嫌时间不够，时常烦恼，这就是我们美国人的生活写照。

为了消除这种现代病的弊害，我们要注意运动和散心。健康的生活离不开散心。适当的散心就是再生，就是治愈疲劳、恢复体力。没有比轻松的玩耍更有益于换心情了。一个劲地连续工作，不如在工作中夹入健康、愉快、轻松的游玩时间，这样效率更高。不散心的人会以烦恼的形式支付“罚款”。智慧和创造力枯竭，虚度无益无趣的人生。不散心就等于不对每天排放出来的大脑灰烬进行打扫。每天不加任何变化，也不进行心情转换，好几小时做同样的事情，如果我们长时间地过着这样单调的生活的话，大脑功能会明显地恶化，失去灵敏度和恢复能力。就是说，大脑失去了活跃性，只是敷衍行事而已，不会产生具有独创性的杰出的东西。

由于缺少散心和睡眠，大脑疲惫不堪，不能有效地工作。如果这样的话，是不可能勉强让大脑再工作的。即使具有像拿破仑那样坚强的意志，如果向大脑输送营养的血液被污染的话，那也无济于事。

因此，我们必须学会有益身体的玩法，摒弃对身体有害的业余生活。不是缩短寿命，而是让身体轻松，不是夺取能量，而是成为能量之源，让我们这样玩吧。

希望大家铭记，即使赚再多的钱，如果失去了健康，那就是赔了夫人又折兵了。有好几位大富豪，钱赚得筋疲力尽，只能吃一点简单的食品。他们为金钱牺牲了健康，非常羡慕食欲旺盛、狼吞虎咽的普通工人。

大自然要求的与健康交换的代价是有规律的生活。我们不能这样：明天晚上的觉放在今晚睡；下一顿饭好像吃不饱，现在多吃一点；夜以继日地工作到筋疲力尽，以后再休息。在规定的时间到来之前，大自然什么也不会做。要赶时间，结果什么也做不成。知识方面、精神方面、肉体方面，每当我们和大自然做交易时，是借还是贷，每一笔它都会仔细地记录下来。我们不能欺骗大自然的眼睛。即使我们打破大自然的规矩，它也不会当天就向你发账单。在大自然经营的银行里，如果把自己的身心作抵押而透支的话，那么抵押物是肯定要断赎的。现阶段，大自然会借给我们任何东西，但到了明天，就像《威尼斯商人》中的那个著名的犹太商人夏洛克一样，会要最后一盎司的肉。大自然不会宽容人类的弱点、无节制和无知，她要求人类处于最佳状态。

才能之花开自健康这块"大地"

无论何种集团，都至少有一个处于众人之上、被认为有实力的人物。即使他并非通过正式投票选举产生，也会在不知不觉中被大家默认，变成领头人物。每逢遇到危机，遇到紧急事态，周围人便会本能地看他的表情。那人就如水往低处流一般自然而然地让人感到可靠，感到强大，并担起责任。

出众的智慧、出众的人格给人以深刻的印象，无论信仰是否相同，都让人难以抗拒他的人格魅力，他能极其自然地发挥指导能力，并让人们服从。这是为什么呢？那是因为此人均衡地拥有各种能力。因为他同时拥有健康的体魄和机智的头脑。

如果没有健康的身体，一个人无论拥有怎样的才华，都无法发挥出来。体力下降，必然无力站在众人前面。勇气是统帅精神王国的伟大领导人，没有勇气开道，其他任何能力都不能施展。而能否拿出勇气，可以说与健康，即神经的活力息息相关。因为身体内的任何器官都与大脑有着密切的关系。

保证自己大脑灵敏的四大“法则”

正如前面所述，大脑就如电话转接时的“总机”，所有信息必须从这里通过并且被记录下来。相当于电话线的神经则连绵不断地遍布全身，保证信息能不停地回送至中枢的接线员。

为了使这个系统得以高效率运转，至少需要满足以下两个要求。一个是线路不能断，另一个是各种信号能得到快速和准确的处理。如果总机方面有什么不适，立刻就会对整个系统产生影响。

换言之，就是要尽可能地保护大脑不要出故障。如果大脑血管堵塞或者烂醉如泥，都会使此人陷入不利状态。

要伤害大脑，最快的方式就是伤害胃。假设一个男人喝威士忌，从胃通往大脑的神经就会受到过度刺激，多余的负荷从一个中枢传递到另一个中枢，最终到达大脑总部。大脑在接到信息以后，一开始能充分地控制当时的状况。通过主司心脏的神经活动使心脏反复剧烈收缩，把更多的血液输送到大脑。但是，在胃和心脏的联手攻击下，大脑逐渐混乱，最终失去控制能力。电话接线员发生暂时的错乱，开始乱下指令。神经试着服从，但这只会使事态变得更糟。腿部的肌肉也开始不听使唤，变得步履蹒跚，甚至还会跌倒。我们会骂他们“愚蠢的醉鬼”，但这只把他身体内的惨状说对了一半。如果打开盖子，看看在失去中枢控制下混战着的神经和肌肉，就会知道可怕的无政府状态将会产生什么样的结果。

我们日常生活中谁都经历过吃了不消化的东西或吃得太多。因为消化不良，混乱的神经影响肌肉组织，身体就会变得无力或萎靡不振。这又将导致大脑活动迟钝，做不好该做的工作。

这就是为什么很多成功的商业人士绝对不会午餐时吃得很饱

的原因，这样可以保证整个下午大脑反应灵活。

神经和大脑的交流，会因为某种原因而陷入恶性循环。身体的某个部分如果不舒服，势必也会影响其他部分。鸡眼出现在离大脑最远的地方。长了鸡眼，人因此而变得不愉快，进而无法集中思想进行思考。最终，人会莫名其妙地暴躁起来。

但是，当一个人身心健康，没有异常，大脑和神经之间的交流就会有益于这个人。不仅不会妨碍大脑工作，还会帮助大脑工作。那么怎样才能做到这样呢?

第一，坚持正确的饮食生活；

第二，进行适量的运动；

第三，养成良好的生活习惯；

第四，进行正确的思考。

难道不是很简单吗?然而能完全做到的人却很少。其中，尤以第四条最难。这是让大脑保持良好状态的最有效方法。看无聊的小说会影响大脑工作，看一本好书却能为大脑补充营养。如果抛弃错误的想法，养成正确的思考方式，最终必将体现在人品或生活方式上。

丧失自信之时才是相信自己之时

当你无法理想地发挥自己能力的时候，一定会说：“是我自己不好。”那么，为什么不重新审视自己，弄明白究竟问题出在哪儿呢？你是否存在什么弱点呢？所以，不但努力没有结果，你自己也原以为能够做到，事实上却没有成功。那么，就应该找出弱点。

任何人都有闪光点。只要能够坚持不懈地进行磨炼，不但能把握成功，还能成为对社会有用之人。不管你是谁，也不管你至今为止过着怎样的生活，只要能踏踏实实认真锻炼自己，一定会找到带给你巨大成功和名誉的优点。问题是，这样的优点有时会隐藏在弱点或缺点背后不能发光，那么辛勤的努力就会化为泡影。

能够知道自己的长处，并把它作为个性发挥到极致非常不易。无论如何没有自信，也千万不要忘记，每个人都有自己的长处。不断发扬长处可以得到周围人的认可，也能为自己带来自信。当你陷入自责，甚至认为自己已沦为一条斗输了的狗的时候，请一定要想起这句话。

你的身体里有一个上帝，一个还没有完全成型的上帝。而真实的你、真正的你是一个完美的存在。千万不能忘记这一点。这是你锻炼大脑能力的基石。如果你认为自己是个无用之人，是一条斗输了的狗的话，就会郁郁寡欢，失去自信，完全消沉。这样还能做什么有意义的事情呢？那不就是自己放弃了自己的一切可能性吗？

不能因为结果不理想就自责，从失败中也能获得很多。要为了找到并且发挥自己的优点而不懈努力。

也就是说，只需要考虑提高自己。要努力调整，以使自己最大限度地发挥能力。

心灵和身体之间有着密切的联系。如果一方受到某种影响，另一方也必然会受到影响。一般认为心情会立刻通过表情或动作来体现。尽量快乐地生活吧！尽量开心地笑吧！露出明朗的而充满善意的表情吧！然后再试着去痛恨某个人。一定会发现那完全不可能。

因此，当对自己失去信心，认为自己将一事无成的时候，请想象一个与此截然相反的自己。尽量让心情开朗起来，并且把自己当作一个富裕幸福的成功者。然后努力把这种心情通过表情或动作表现出来。这时，会发现一件令人吃惊的事情。你在大脑中描绘的情景会渐渐变成现实，并能真正地感受到原来只是想象的那种心情。

你了解“另一个自我”吗？

其实，很少有人采取的是正确的、能让大脑充分发挥能力的生活方式。而人们经常会困惑，为什么自己无法精力充沛地创造出新的事物呢？为什么缺乏坚强的意志和创造力呢？为什么总是萎靡不振呢？其原因在于我们的生活方式和食物，并通过神经系统清晰地表现出来。

想要让赛马在竞赛中获胜，就需要驯马师的技术。同样，没有我们的配合，就不能期待大脑充分发挥能力并获得胜利。正因为没有设法发挥出自己的潜能，才导致生活不见起色，人生平凡黯淡。仅仅满足于获得生活所需的物质财富，而不设法给自己内在的可能性以发挥的机会。如果不成为自己内在潜能的强大后援，就只能碌碌无为地终其一生。一辈子做一个微不足道的小人物。而被埋没的潜能却等待着被发现，被利用。

饮食缺乏营养，暴饮暴食，进餐时间没有规律，或者经常熬夜睡眠不足，以致加重神经的负担，都会导致无法挖掘内在的潜能。引起这种生活的是缺乏应有的闲暇。缺乏适当的散心，以给予大脑产生火花的刺激。只想着过适合自己的生活，则无法发挥潜能。但是，如果找到更加优秀的自己，无疑可以收获名誉和声望。

你的身体里有两个自己。但你只发现了渺小的那一个。从未与强大的那一个联手做过什么。也从未给过他机会。他至今一直默不作声地隐藏在你身体内部。你从未试图给他适当的刺激，以使他苏醒。

几乎没有人能激活体内所有的细胞。原因在于错误的营养结构。大脑的活动由血液支撑，而只有最优质的食物才能造出最干净的血液。人活着需要有无尽的活力，没有活力，大脑就无法敏捷地工作。

血液是流淌在体内的生命之河。它一刻不停地经过这条大河旁边的各种器官和细胞，并且再返回原处，为全身组织和器官的细胞再生源源不断地输送活力和养分。但是，一旦这条生命之河变脏，并且再加上因为不运动和睡眠不足导致废弃物堆积起来，血液就会为身体供给有害物质。

我们有时会在一次进餐时吃太多的量或太多的种类。这样会导致各种食物的效果互相抵消。必须使用正确的方式摄入对身体有益的物质，在固定的时间吃适当的量，然后通过正确呼吸，适当锻炼肌肉，使血液获得充足的氧气帮助食物进行适当的氧化，才能保持血液的干净。

血液不干净会导致身体活力下降，抵抗力消失以至无法驱逐病菌。就是说，不保持血液洁净，就不可能维持健康。血液不洁净，肝脏会受到污染，肾脏也会发生异常。消化系统的功能降低，其余器官也无法正常工作。这样，无论何时得病都不足为奇。

保持身体内部的清洁比表面的清洁更为重要。如果想为大脑提供充足的能量与力量，就必须首先时刻保持血液干净，并提供充足的能量和力量。稀里糊涂的大脑只能产生稀里糊涂的想法。没有明晰的思考就没有足够的勇气。于是就失去自信，变得闷闷不乐。

多数人的血液都很浑浊。因为不能被消化或者不能吸收的过剩营养而遭到污染。毫无营养价值、也无助于体内组织形成的劣质食物，或是不易消化的食物产生出的浑浊血液，理所当然对全身造成危害，并夺走各种能力。

让我们以正确的方式获得对身体有益的食物吧。创造血液的是食物，血液就是生命，一定要牢记这一点。同时，为了净化血液，需要适当的运动和休息。总之，只要做到最基本的正确的生活方式即可。这样，每前进一步，就会发现正在等待着你的成功。

饮食中可以看见你的人生

前面也提到过，各种细胞需要各种食物。在选择食物时，需要从两个方面进行考虑，即用于身体还是用于成为能量的源泉。

很多人都感叹力不从心或者没有干劲。其实这基本上是因为缺少合适的营养，略微处于饥饿状态。

很多人都食用来自于劣质谷物、缺乏营养的食物。蔬菜和水果也是如此。在成熟前被收获的水果，水分不足，能成为生命源泉的营养还很少。

寓于水果中的强大能源，会通过由太阳、大地和水所产生的化学反应带给我们。如果这三者不能发生奇迹，无法合成作为人类生命之源的分泌物，那就是劣质的食物。

请牢记以下一点：合成我们血液的食物创造了我们的生命；血液创造大脑，产生能量，并维持生命力。食物就是我们的生命，是我们的未来，是幸福，是命运。因此，选择食物比选择衣服更需要加倍的注意。食品原料必须在政府的严格监管下进行生产。使用没有成熟的或者长坏的农产品制作食物，应该视为犯罪。食品造假导致国民生活质量下降，因而必须严惩。

至此，不知大家是否明白了志向与食物的紧密联系，即志向能否实现，拥有怎样的志向，都与吃什么有着很大的关系。你拥有怎样的志向，可以通过你吃的食物的能量进行推测。吃劣质食品，是不可能期待能够获得干各种事情的力量和能量的。

环视周围，工作笨拙、没精打采的人四处可见。其实他们只发挥了自己能力的十分之一。他们没有摄入可以为血液提供充足能量的食物。他们的食物，不能合成足够的红细胞。午饭吃奶油面包或巧克力泡芙的办事人员或速记人员，十分容易在工作中出错。

舍不得花伙食费绝非明智之举。便宜的食物中含有多种不易消化、对身体不利的材料，质量肯定有问题。例如，有些小麦地里蔓延某种病害，导致小麦生长缓慢，不能正常抽穗。这种面粉一般会被要求销毁，但有时会被通过换包装袋等方式转卖，然后又被加工成食品。

仅仅因为便宜而购买食品绝不是聪明之举。如果一定要控制费用的话，就设法在食品以外的地方控制。食物是我们生命的食粮，是大脑的原动力，能为我们提供活力。决不能在它们身上节约。这是人生的本钱。吃什么，决定了你的人生。不必吃得太多，与其吃很多便宜的劣质食物，不如好好咀嚼经过精心挑选的少量食物。食物为血液提供储存的能量。血液再把从食物中吸收的营养输送到大脑以及各个器官。

要摄取养心和养身的两种营养

营养均衡的身体防守严密，不会因为体弱而受到各种疾病侵袭。没有比它更让人放心的寿险了。

假设有人在以整个人生为赌资的工作中迎来最关键的时刻。那个人根本没有考虑食物能够给予大脑能量，碰巧又经常吃廉价的食物或者喜好的食物。那该又多么可悲啊！过去曾经有很多优秀的律师，因为在重要的官司中没有很好发挥，因此十分懊丧。

其实，那是因为他们对自己的身体疏忽大意，没有为大脑提供足够的能量。事实上，他们的饮食以肉类为中心，肉类对体力劳动是必不可少的，但却几乎不含有促进神经或大脑活力的营养成分。

运动员的教练非常清楚食物对调整状态的重要性。美式橄榄球或者棒球、拳击、自行车等，无论哪种竞技，优秀选手必须十分注意饮食。但是，自诩为聪明的运动员，却大部分忽略了饮食。正如肌肉需要一定的营养成分，大脑以及支配大脑的神经也需要若干种营养成分，这一点，他们似乎并不了解。

但是，并不是说为了摄入对心灵和身体都有益的两类营养，对食物就必须非常神经质。不过，不能忘记必要的注意。灵活的大脑和健康且充满活力的身体很难兼得，但只要对食物足够注意，就并非不可能。

译 注

1. 1908 年 3 月蒂尔曼第一次中风，1910 年 2 月 16 日第二次中风，导致右半身完全瘫痪，并丧失了说话能力，虽经治疗有所恢复，但最后于 1918 年 7 月 3 日死于脑溢血。

第3章

想不想活得更开心?

1. 想成功的最大条件——这就是“干劲”的“源泉”

精力是否充沛不仅关系到身体健康与否，也是决定工作能否成功的关键。甚至可以说精力充沛程度与工作的成功率成正比。富有生命力，也就是精力充沛的人，一般来说，成功的概率比较高。相反，无精打采的人容易失败。因为这样的人无法逾越横亘在自己与成功之间的障碍。

“那家伙，没有精神。”在这句常常听到的话后面，发生着多么悲惨的事啊！

在神经细胞失去活力时，工作是一件极其危险的事情，整天忙于工作的人几乎无人理解。有经验的技术人员，一定不会在精密仪器用完了润滑油的情况下仍然坚持使用。否则，轴承因为摩擦而变热，仪器无法正常运行，最后发出刺耳的声音直至完全损坏。

尽管如此，一旦用到人身上却被另当别论。许多人在别处深思熟虑，对自己的身体却既不清扫，也不加油，只知道让身体这台精密仪器不停工作。而这台由上帝这位伟大的机械师制作成的令人叹为观止的精密仪器却十分容易损坏。只要有一点点灰尘进去，或者稍微缺少一点油，就会几天或者几个星期状况不佳。

获得充足的睡眠，到户外特别是乡村去获得充分的休息，就如同给机器加油。这是大自然为我们所进行的奇特的治疗，没有这种治疗，将无法长期出色地工作。

据神经专家说，脑细胞消耗的最直接后果是导致大量的自杀者出现。

心情不好无法解脱，没有活下去的精力，以前样样事情都觉得有趣，现在却完全不同。这一定是没有到郊外或者户外进行充分的运动。只要消除这些因素，就能找回曾经的生活热情。在田园里玩两三天，或到山里走走，不知不觉中大脑里不吉利的感觉就烟消云散，充满生气的自己又回来了。

即使勉强温饱，也懂得享受生活，并把活着本身作为一种无可取代的恩赐，这才是一个正常的人。能够活着，能够思考，能够工作，对此却毫无感激之情，那这个人一定是哪里出了问题。

要拥有强壮的身体。即使到了中年或者老年，也要设法感受年轻时那种用全身的神经活着的喜悦。就像原野或草原上追逐奔跑的小羊和小牛一样，在简单的生活中去发现快乐。像在严冬的刺骨寒风中专注地溜冰的少年那样，为生命讴歌。

胜利女神讨厌“胆小鬼”!

有许多年轻人，拥有高于普通人的能力，受过良好的教育，却没能充分发挥出来。谁都觉得他们具备了出人头地的条件，理所当然应该成功。然而事实并非如此。很多年以后仍然默默无闻，原地踏步。明明看起来处处优越，却让人觉得有些奇怪。他们的身上一定有什么缺点导致他们捧着金饭碗却挨饿。这样自然无法登上成功的阶梯。这样的年轻人正像那种看起来漂亮却走得不准的表。尽管走得不准的原因并不清楚，但很显然这块表毫无价值。

表由众多的各种各样的精密零件组成，一旦发生故障，要找到故障零件十分困难。所有的零件都在工作，要显示出准确时间，必须要把所有零件都调整到位。事实上，一流的钟表师可以让如此复杂的装置显示出准确的时间。

然而，人体这块表远比真正的表更容易坏，也容易受到各方面的影响。作为世界万物之中最不可思议者的人体如此微妙，如此完美，以致我们才能利用身体中庞大的相互依存的网络进行思考和行动，并产生出某种结果。但是，其中却很少发生冲突、摩擦以及性命攸关的混乱，这又是为什么呢？这是一个永远的谜。

能巧妙调整身体的秘密在于神经机制。这是由骨骼、肌腱、肌肉、神经以及意志力所参与的互动机制，通过这个机制各个部分互帮互助，即当某处的能量过剩时会自动转移至别处。例如，当精神疲惫时，吃一些美味的食物，可以让神经得到放松的机会。

当神经发出警告时，就不能继续做相同的工作。不然，不但工作无法取得成效，也会对身体造成消耗。在头脑疲劳的状态下继续工作，将会有怎样的结果，这种事例随处可见。顶着疲惫的脑袋写作的作家们，看着堆在一边的滞销书籍不得其解。而且，不但不设法休息，而是更紧张地投入下一部作品的写作。在疲惫的状态下，夜以继日地不停地写。他也许根本没有意识到，读者看到作品就能明白作者当时的感受。写作时的作家如果觉得疲劳，读者在看作品时也会觉得疲劳。大脑疲劳的时候，或者因为某种理由精神不振的时候所干的活，不能对别人形成刺激。

大脑最具有创造力的时候，是熟睡了一个晚上醒来以后。白天身体活动以后，神经以及其他的组织会遭到损伤。当这种损伤后的组织在大脑以及血液中不断增加以后，就会毒害神经中枢。当它们达到某个临界点时，就出现了被称为睡眠的失去知觉的状态。

要想获得成功，首先必须尽可能使神经处于能完美工作的状态。虽然培养人品或思考能力也十分重要，但拥有健康强壮充满活力的身体同样十分重要。无论如何有教养，要是不能让人感受到活力，不能焕发能量，没有气魄和进取心，一定无法让人感受到魅力吧。

弱者失败，是一切有生命之物的规律。大自然不喜欢胆小鬼。不健全的人、虚弱的人会被踩在脚下。健康不仅是自信，也是希望。只有健康了，才会涌出前所未有的信心和勇气。才会让人相信自己的志向和使命。完成一件事情需要信念。只有健康了，机会也就相应增加，可能性也变大。然后才能发挥实力，把握成功和幸福。

没有比拥有健康和无尽的活力更美妙的事了。这样才可能身体健康、头脑清晰，并且无论在什么紧急情况下都能冷静面对，成为一名征服者。哪怕是会让胆小鬼失去自信的场合，也能轻松处置。正因为是否充满活力，与一个人的成功息息相关，所以每个人都必须把健康看作是宝贵的财产，而不应该随心所欲地加以伤害或浪费。

当然，体弱多病的人获得巨大成功的事例也并非没有。但是，这只是例外。而例外恰好是有规则的证明。被称为“特威肯哈姆勇敢的瘸子”的亚历山大·蒲伯、消化不良的托马斯·卡莱尔、其貌不扬几乎失明的圣保罗，这些人都用伟大的灵魂克服了肉体的缺陷。此外，恺撒[1]、帕斯卡[2]和纳尔逊[3]等人，也都没有屈服于身体的疾病，拥有强大的精神力量。但是，成功人士还是以健康者为多。“健全的精神寓于强健的身体”[4]这一古罗马时代的思想，表达了一种最理想的境界，即身体与心灵取得平衡。

当然，身体虚弱的人也不必泄气。正如我们能让容易患病的植物健康生长一样，也能让身体健壮起来。方法与植物相同，只要有效利用阳光和空气，并给予适当的营养。

无法出色地工作，虽然努力成果却不明显，这都是因为身体不够好，因为体力不济。能日复一日保持绝佳工作状态的人几乎不存在。如果不充分发挥能力而半途而废的话，当然无法取得令人满意的结果。许多人过着心情郁闷、不幸的生活，几乎都是因为这一点。不尽力才无法对自己感到满意，身体不佳才无法尽力。这类人要么自甘平庸，要么因为过于勉强自己，使神经累至极限，最终崩溃。

最敏感、最可靠的“零件”活用法

如果没有身体的各项功能在彼此相互作用下为我们工作，就无法获得成功。这一点究竟何时才能被真正意识到呢？身体的各部分能否正常起作用，与其他部分的状况紧密相关，因此当身体某个部分出问题时，就无法发挥原来的能力。例如，就算能忍着牙疼干自己的分内事，不但工作干不好，自己也会疲惫不堪。另外，午饭吃得太饱发生了消化不良时，下午会觉得乏力，到五点钟下班时，已是十分疲惫得连自己也纳闷。这仅仅因为神经被施加了双重压力的缘故。

无论是身体还是精神，只要存在使人烦恼的因素，那么神经就会一直发出不愉快的信号，工作效率也会下降。

不久前，我访问了一家公司。当开门进入房间的那一刹那，我感到屋内空气中有一种令人窒息的气氛。没有人微笑，连速记员看上去心情也不好，很疲惫。也说不出到底怎么回事，总感到气氛凝重。部长好像有什么心事板着脸。我上前打招呼说："生意做得咋样啊？""很顺利啊！"部长立刻这样回答我，但觉得不是发自内心。"怎么啦？"我斗胆问道。"什么怎么了，为什么又问这个？""不是吗，你和其他人看上去都有什么心事啊。""还不是被那个锤头给闹的。隔街斜对面的那幢高楼在搞建筑，往钢铁里打螺钉，整天咚咚当当地作响，烦死人了。真想用酒泼他们。"

再如，清晨上班路上听到一个不愉快的新闻，便会一下子失去工作的欲望，去取晨报的脚步也会变得沉重。究其原因纯粹是生理性的。虽然象征着为这一天的工作而积蓄力量的新的细胞产生了，但因为由于不愉快的新闻，导致破坏它的冲击力在体内散发。

消除这种不愉快情绪的方法，无论是外部带来的还是内部产生的都是一样的，就是尽力发挥意志力，摆脱这种不愉快情绪。不要被它牵着鼻子走，相反是要你牵着它走。如果你输给它的次数越多，你欠它的债也就越多。

神经能感觉一切刺激并对此做出反应，但也无须绕着弯子像避凶神恶煞似地回避它。为什么呢？因为神经虽然会传递不愉快的刺激，但也会传递愉快的刺激。只要巧妙地去除不愉快的刺激，只吸收愉快的刺激即可。

如果身体状况好的话，这些事情做起来很方便。正因为如此，要想成功，保持健康是必须的。身体好的人，只要健康，就好比赢得了战斗的一半。

在工作和尝试的事情方面要获得成绩，有很多种说法，但首先要有一个能有效工作的健壮体魄。也就是说要尽量把机械、装备和其他东西备齐了之后，才能运用到工作上。落伍的机械以及行将报废的设备是不能有效地制造出产品的。并且，要获得最佳成果，必须把它们保持最佳状态。人也一样，身体如果不在最佳状态就不能发挥力量。所有的一切都取决于大脑所输出的东西，因此大脑活力的高低取决于原料的好坏，即取决于我们人体所吃的食物、呼入的空气、血液中的红细胞以及大脑、神经和肌肉的品质。

要想让脑细胞有效工作，必须重新审视你所有的生活习惯。必须在一个空气流通好的安静房间，不受任何干扰地保持充分的睡眠，去除疲劳，恢复活力。

从健康的角度来看，激活大脑和神经细胞，是有效做好工作的基础。饮食有规律、去户外做运动、保持良好的睡眠，这些都很重要。但是，切不可忘记要用符合自己的方法，进行健康的散心活动。工作一天后以怎样的心情度过晚上的时间，决定了你今晚能否睡得香，第二天能否做好工作。想什么、感到什么、心情如何，对大脑的功能有很大的影响。令人愉快的朋友和邻居、丰富的自然环境、幸福和睦的家庭、对人生的正确态度、充满爱的生活氛围，这些决定了你的脑细胞的状态和工作时的精力充沛程度。

赶时间者被时间赶

最近，某评论员就现代繁忙的生活写了一篇社论，文章中谈到了令人咋舌的事。

这二三十年间世的每件发明，都加快了我们的生活节奏，将职员变成了工作机器。靠了这些，我们以五十年前连做梦也不会想到的速度繁忙地行走在这个地球上。

比较一下现代的职员和过去的职员，过去是悠闲的。驾着自己的马车去上班，途中和朋友寒暄着向工作单位行进。工作中也有时间和同事闲聊。手写书信，文中渗透着写信人温暖的人情。周围的人都悠然自得，所以也不会被时间追赶。

希望大家比较一下过去和现在的职员的精神状态和神经的安定程度。如今，要去工作单位，要么花一小时左右坐列车去，要么驾驶高性能的汽车穿过堵塞的交通去。要不然就只能乘地铁去，那噪音、恶臭、不绝于耳的“请抓紧时间上车”的刺耳的吼声，简直是对文明的亵渎。

到了单位所在的高楼，坐上电梯，一瞬间便到了二十七楼。打开办公室的门，发现走在时代最前面的单位已经在高速工作了。

寄给自己的邮件已经被分好放在了桌上等着处理，把帽子往帽架上一放，便一头扎进工作堆里。按桌上的铃把各个部门的负责人叫来。既有有要紧事来找你的人，也有客人来访。其间电话也会响个不停。

在如此嘈杂的空隙，还要口述信件内容，处理要事。但是，对着速记员或录音设备说话的同时，也会数度被人打扰。

实际上，这个人用一个小时做完了，或者说是想努力做完他的祖父整整一天的工作。

那你究竟想干啥！难道一定要被时间追赶着用各种各样的方

便的装置来缩短劳动时间呢？不是，也许是想尽量用更短的时间来挣更多的钱吧？但是，为此你会缩短十年寿命。

心太急，就不会发现“重要的事情”

被速度驱赶着的当代职员，无暇轻松地去享受什么。他们开着高性能的汽车在高速公路上行驶，每年有几千人丧命。坐飞机以每小时一百英里的速度移动。买摩托艇总是想要速度最快的。去剧场，只想看说话节奏快的。在舞厅，喜欢爵士乐。在深夜开的舞会，如果不热闹就不行。

快，更快！人们一年到头叫个不停。但是，“时间老翁”则毫不惊慌，看着自己手上的大镰刀磨着。

但是，我们指责他们也没用。重要的是弄清他们的问题所在。也许医生会诊断为进行性神经疲劳。他们的神经已经习惯了这种忙碌，事到如今也不能让他们减速。这是一种商业版战斗疲劳症，其痛苦不亚于困扰复员军人的战斗疲劳症。同样，这是一种病人毫无感觉而恶化的疾病。

奥斯丁·里格斯博士就这个问题作了如下的陈述：“要在现代生存下去，需要拥有比一个世纪或者更早年代人们追求的更为杰出的智慧和高度的适应能力。工作节奏明显提高了，精神压力也大了，由于想做许多事情而导致生活质量下降。”

时间老翁磨镰刀，格兰特·查尔斯·詹姆森（活跃于 1830-1852 年）绘。

你也许能够马上觉察到，被时间追赶而导致心情亢奋时，会失去心理平衡，会浪费许多珍贵的能量。这些人可以想象一下把装满水的器皿放在头上行走，如果不沉着稳健地行走的话，水就会溢出来。其实心也一样。如果发生什么事情而不能沉着应对的话，就会把你拥有的能量溢出来。不仅要学习赶超，也要学习减速。否则，紧张的神经会受不了。每当发怒、烦躁、不愉快、被时间追赶而焦虑时，自我控制力就会失去。

冷静是一种有偏好的人身上所没有的无与伦比的素质之一，是各种素质和能力的产物，是健康的证据。

要永远保持冷静，让别人去吃醋吧。无论发生何事都不要动摇，不要屈服于焦虑和压力而失去冷静。即使别人兴奋得到处转，也要保持冷静。最终的赢家是你。

冷静而不为所动的名声会带来奇迹。焦躁的人不仅容易兴奋，而且挫折也多。节约能量并加以有效使用的，就是冷静而不为所动的人。

摩根财团的创始人 J. 皮尔庞特·摩根，是泰然自若的榜样。从来没有听到他曾经慌乱。不慌不忙，任何时候知道选择最佳的道路，这是对他的一般评价。

有许多人完全不了解自己。这种人对其他人所做的事也要指手画脚，他们认为一切如自己所愿，自己左右世界，自己必须统治周围的所有人。他们在浪费着能量，把精力消耗在原本不该做的事情上。结果，失去了真正的自我，并且自己想做的事情也做不成。总是想走在前头，丝毫没有时间静静地思考问题，也没有余地通过与自己的灵魂交流以培养自己的才气。

我认识一位女士，她说："我至今从来没有想过什么事情可以不急。"在她眼前，总是挂有巨大的"我非要……"的文字，从早到晚在催促她。所以，无论做什么，总是感到有人在背后用棍子在驱赶着她，感到焦虑和不安。

但这样的话，有价值的事情一件也做不了了。被时间追赶的习惯会毁掉人生。怀才不遇，虚度一生。工作中总是烦躁紧张的人、被焦虑和不安折磨的人是干不了大事的。惊慌失措不是有能耐而是无能的表现。

能耐似静静流淌的大河，而无能似一条狭窄的浅河。虽然泛着水花、哗哗地流淌，但由于水力小，哪怕是有一点阻碍就会被堵而轻易地改变流向。安静的灵魂有着使人生充实的力量，局促、总是被焦躁、不安折磨的灵魂在浪费力量。这种人总是被自己的心情作弄，所以没有能耐。只是消极地看待事物，容易失去信心。并且，容易陷入悲惨的心境，闷闷不乐。匆忙过人生而不能成为自己精神王国的统治者，这种人容易被愤怒、仇恨、嫉妒、复仇、失望、忧郁、不安、恐怖、担心、迷惑、绝望等消极的情感所左右。

但我们几乎所有的人都没有意识到，让这些人类的敌人横行霸道会招致非常可怕的结果。只要我们清楚地了解到这些情感会给身体带来危害，会夺走我们的活力，那么就不会做它们的俘虏。如果我们做了它们的俘虏，就会导致失去心中的平和，浪费精力，被痛苦折磨，削弱身心以及神经。

每当生气，每当有担心的事情而局促不安，每当羡慕、藐视、憎恨别人，也会深深地伤害到自己。在自己的体内积聚毒素，失去快乐和内心的平和，放走成功的机会。

不能以连我们自己也不能控制的超速度来逼迫我们的身心和神经，不要做焦虑的奴隶，要做自我的主人。

下午的“无精打采”源自何方?

经常听人讲，一到下午，工人的工作效率会突然下降。上午很顺利，但一到下午三点左右，工作的进展就会变慢。其原因之一是睡眠不足。下午的工作时间到一半时，开始出现气喘吁吁，浑身没劲，一直到下班的这段时间，怎么也比不上上午的效率。

并且，如果容易疲劳、精力不充沛的话，原因无非就是两个：不是缺乏活力，就是营养有问题。

缺少活力，原因在于疲劳物质的聚积。有时候仅仅是做同一工作时间太长，所以要尽可能时常做些不同的工作来调节一下心情为好。事实上，这样来解决问题的例子也不鲜见。

利用好午休时间，可以大大地帮你防止下午的效率低下。如果能够快步地散步，午休时彻底忘却工作，如果这样，从下午开始又可以以新的心情投入到工作上。相反，如果在午餐的时候也老是在谈工作的话，就不能给大脑的神经细胞以消除疲劳的机会。

午餐吃什么，与下午开始的工作效率有着很大的关系。如果饱餐不消化的食品，消化则需要二三小时；也就是说为了消化，必须额外将大脑以及其他器官的血液向胃输送。另外，吃了不易消化的东西，会引起消化不良。这样，餐后不到两小时，肠胃功能变得迟钝，这个事实通过神经传递到其他器官，工作就不能正常进行了。

为了挖掘自己潜在的优秀资质

我们真的吃了许多对身体不好的东西，同样，也养成了对身体有害的生活习惯。那么，究竟有多少人充分了解这一点呢？他们知道，饮食时间不规律、不定期运动、易发怒、迷失自我、被时间追赶，这些对身体不好。也十分明白自己抽烟太多、喝咖啡太多、吃得太多、脂肪摄入太多，但没有人愿意改。

容易疲劳，肯定什么地方有问题；这不能说是正常状态。如果工作称心喜欢、精神稳定的话，那么肯定是充满希望、精神百倍、凡事都觉得乐观。如果一切顺利、幸福，是不会感到疲劳的。许多人不采取任何措施，饱受慢性疲劳感的折磨。这种疲劳感是由于缺少睡眠和运动或者是没有正确的思维方法而导致废物不能排出体外而引起的。无论是身体还是心灵，只要有一处出现紊乱，其影响会波及其他的器官。

在清新的空气中娱乐、锻炼身体，是治疗疲劳的神经和迟钝大脑的最佳镇静剂，其效果是巨大的。午休时的散步非常好。也希望大家做做深呼吸。在下午的工作完成一半时，不妨离开写字台五分钟左右，站在敞开的窗户前作深呼吸，应该有令人惊讶的效果。

下午的工作效率下降还有一个更加根深蒂固的原因，那就是"惰性缠身"。我们的大脑渐渐地想要歇口气，神经细胞功能也开始迟钝。就是说我们的能量还有许多没有用，而我们的心却想偷懒，于是手就停了下来。

哥伦比亚大学的弗里德里克·S. 李博士在一次名为"疲劳的本质"（The Nature of Fatigue）的演讲中准确地说明了这个问题：

随着生理学研究的发展，人们越来越认识到，原生质具有巨大的力量，人类的身体具有杰出的能力。我们能否恢复健康，恢复健康后能否充分利用自己的力量，取决于本人的意志。我认为，很少有人能够充分利用成就大事的机会。我们稍感疲劳便想偷懒。即使我们没有继承父母的卓越素质，但如果我们想的话，也许许多人能发挥出杰出的才能，如英国运动家韦斯顿般的耐力、达尔文那样的洞察力、美国实业家哈里曼那样的聪明脑袋、北极探险家皮阿里般的决断力、罗斯福总统身上非常明显想要成功的强烈欲望。

威廉·詹姆斯在题为“人类的能量”（The Energies of Men）这篇写得非常好的有趣论文中说道：

人通常只使用了所具有能力的极少一部分生活着。荒废了各种能力。没有拿出全部的能力。在身心的基本能力、协调性和自我控制等方面，就像歇斯底里患者发视野狭窄病一样，人生的空间变狭窄了。可怜的歇斯底里患者因为有病而没有办法，但对普通人而言只是一种顽固的习惯，一种不发挥出全部能力的习惯而已。这不好。我们只是按照习惯，当疲劳达到一定程度后就不再继续努力了。但在大部分情况下，应该能够轻松地发挥更大的力量。

上面提到的李博士还说：

> 正因为如此，训练是很重要的。对象无论是大人还是小孩，锻炼的是运动能力还是思考能力，所谓锻炼主要就是对有害的疲劳物质的抵抗力。这就如渐渐增加药物的服用量，提高对药物毒性的免疫能力。身体的锻炼基本上与普通教育相同。让孩子学会勤劳，这在所有的教育制度中被列为目的之一。勤劳与易疲劳是对立的，也就是说，是后天才获得的对疲劳物质的抵抗力。

为了治愈知性和想象力的疲惫

任何工作，如果长时间扑在上面，就会感觉疲劳。如果是身体疲劳会立刻发现，但如果是大脑疲劳则不容易发现。然而，大脑也是身体的一部分。血管、蜂窝组织以及神经的互相合作，创造出称为思考的东西。

实际上，无论本人有没有意识到，我们只要醒着，总是在思考着什么。数以千计的印象不断地被刻入大脑的感光板上。有的被留下来今后使用，也有的当场就被扔弃掉了。潜意识这个仓库大不可测，这就是创造梦想的素材。

复杂而精巧的大脑这台机器与其他机器一样也需要让它经常休息。长时间的连续工作会损伤它，到最后彻底崩溃。

对于大脑，最大的敌人是单调。从早到晚干同样的事，即使大脑再好也受不了。比如，每天在一望无际的小麦和玉米地之类的地方默默地做毫无变化的家务的农村主妇，简直就是精神病患者的预备军。如果不给生活以弛张，也许会阴沉着脸，内心郁闷。

如果工作不那么单调，那么不让大脑乏味是很简单的，就是让它休息就可以了。

我认识的一位女士这样说："我从身体逃逸，让身体休息，期间我喘口气。"就是说，她时常通过享受心的旅游散心。比如，重走曾经几度游过的旅程，重游访问过的美术馆，行走在外国城市的街道、公园、庭园。她说："回顾逛过漂亮的美术馆和欣赏过的各种杰作，好比真的到了那里。这样的话，跟一家一家地跑美术馆不同，一点也不累。"

褪去身体这个外壳，就好像重游过去曾经旅游过的地方，以此来治疗大脑和想象力的疲劳，是一个不错的好主意。也可以回忆度过童年的故乡的街道和农场。儿时所看到的东西远比最近的印象深刻。沉浸在这种回忆中大脑和心灵都会恢复元气。学会这种心灵的旅游，一点点疲劳马上就会消除。

开朗地向前看、有未来的目标、沉湎于遐想，这些也具有同样的效果。重新振作精神、重燃生活欲望的换心情的方法很多。

听说居住在纽约的一位女士，只要有一点空闲，就会去纽约郊外的面临长岛湾的城镇。到饭店订一间舒适的房间，只是好好休息以消除疲劳。做想做的事、在海边散步，等恢复健康后回来。她说："如果不这样的话，我早就支撑不了了。"逃离世间琐事的这种短途旅游是上帝赐予的，虽然没有人知道她的目的地，也不是每个人都能像她那样。但是，我们却能够遐想自己进行了旅游。这样就能消除疲劳、恢复元气，以新的心情投入到工作中去。

想象力可以消除疲劳，这种力量确实存在。这一点从喜欢读书的人比不爱读书的人更容易获得成功这一点上也能够明白。爱读书的人，可以悠闲地边休息边利用记忆这个丰富的宝库。可以背诵彭斯和史蒂文森的某一节音乐诗，也可以沉醉于大仲马和司各特宏伟的探险故事的世界里。爱好音乐的人，可以回忆过去看过的优秀歌剧，从而从烦琐的杂务中解脱出来。当然，如果能够好好睡一觉，那是再好不过了。但即使不能这样，也可以在想象的世界里畅游一番，就可以享受身心的解脱。

人生的片刻偷闲——给脑细胞以刺激的疗养时间

违背自然法则的人，即使他是国王，也必然受到惩罚。尽管已经感到非同寻常的紧张和沉重的负担，但不加注意依然过度劳累，这种情况屡见不鲜。有历史学家说，拿破仑在滑铁卢大败而被赶下皇帝宝座，是由于疲劳。大战前夕，他没有好好休息。结果，在那决定命运的下午，下了前后矛盾的命令。

凡事都热心投入，这无疑是好事，但不能被它左右。如果下决心要把开始做的事情做好，那么往往会绷得太紧，虐待非常复杂的神经系统，使其处于不能发送正确信号的状态。如果这样的话，要使其恢复正常的状态需要花好几个月。

“好好学习，痛快地玩”这句话，过去和今天一样，都是真实的。如果舍不得休息，拼命使用大脑，那么大脑会变得迟钝。这种时候，你就要换换环境和工作来消除紧张。这样，大脑就会重生新的力量。

我经常去吃午饭的纽约某著名俱乐部里的吸烟室里放着几张多米诺台子，每天可以看到著名的财界人士、政治家、思想和产业领域的大人物在那里兴致勃勃地玩上三十分钟的多米诺骨牌。究竟为什么呢？这是他们的消遣，为准备下午的工作，刺激大脑细胞和神经细胞，消除疲劳。

其他俱乐部还设有下国际跳棋的场地。不过，我认为国际跳棋太好玩了，对解闷不利。这种游戏需要集中精力，一点也不亚于国际象棋。正因为如此，可以帮你暂时忘却工作烦恼。就是说，游戏时能够使用与工作时完全不同的一套神经系统。

有些俱乐部盛行台球，这项活动的好处是，需要活动工作时完全不使用的体力和肌肉的微妙之处，并且也需要具有计算球的运行能力和洞察力，必须让视觉和运动神经作巧妙的联动。

偶尔光顾这类俱乐部的人会觉得俱乐部成员都是一些无可救药的懒汉，实际上恰好相反，成员们两点左右回办公室，这时候身心已经得到充分的休息，调整好了做下一个重要工作的状态。

不要午饭吃得过饱而坐着不动，不如适度就餐，剩下的一半时间去散散心，这样会好得多。

在首都华盛顿举行的晚餐会以其豪华奢侈而闻名。一位著名的上院议员说，联邦议会的议员们健康状况不良，其很大的原因是抵挡不住这种诱惑。许多人在当地干得红红火火，而到了华盛顿却只满足于不起眼的官职。议员们全然没有注意到自己忽视了自己的健康，或者对自己的健康过于自信，从而给自己的工作效率带来巨大的不良影响。他们不知道能否果断地投入工作取决于健康与否，也没有注意到如果搞坏身体，就会容易得各种疾病，不能下正确的判断，毁了自己的前途。

体内的细胞如果不活跃的话，就不能百分之百地发挥自己的实力。细胞的生命取决于它的活跃程度。

大多数人的活跃时期只占生命中的很小一部分。他们大脑和身体中的大部分细胞几乎都处于不活跃的状态。当然，神经也会疲劳。与之相反，每个细胞都很活跃的人，能量十足，精力充沛，这是不言而喻的。细胞已经丧失一半的人，缺乏能量和干劲，也缺乏生命力。让人感觉不到力量，也感觉不到热情。为什么呢？因为没有这方面的基础。

如果不按照科学方法过有规律的生活，如果不维持最佳状态，就不能让体内的所有细胞活跃起来。

我们没有注意到，有没有勇气取决于健康。早晨，从舒适的睡眠中醒来，大脑清醒，开始新的一天的工作。这时候会想今天"好好干"，但到了晚上，筋疲力尽时，就不会有这种心情了。

曾经在心情好的时候，想做点什么。这时候是真的想做。但夜幕降临，人开始疲惫时，由于体力和大脑功能衰弱，到底能不能做，开始产生疑问。

与早晨相比，思维能力和精神都衰退，不能积极地思考问题了。不安和迷惑开始悄然潜入心中，渐渐地失去自信，开始听到这样的声音："还是好好考虑一下吧。不要茫然开始做。不必着急。不想失败吧。"

就是说，当感觉疲劳时，我们会失去自信，会产生迷惑，会感觉自己很傻。优柔寡断的坏习惯就是这样形成的。

我们必须铭记，人的身体被各种各样的本能和欲望支配着，从这个意义上来说，我们就是动物！并且，身体状态，即大脑和各种器官是否功能齐全，对我们的影响很大。

如果过度地使用身体，心也会得病。即使当时没有感觉，但总有一天要付出沉重的代价。大自然是不讲情面的，它不会帮我们还债的。

光蛮干是不会出成果的。我们必须以冷静的判断力巧妙地控制急躁的情绪。并且，能否发挥这种判断力，取决于整个身体这台机器是否在正常地工作。

“能力”就是“脑力”

有人在结束一天的工作后依然精力旺盛，这是为什么呢？假设有两位工作人员并排地在工作。前一天晚上的睡眠时间一样，但其中一个不停地将手遮住嘴打哈欠，到了下午基本上就干不了工作了。而另一个则始终保持刚上班时的旺盛精力，一直到工作结束。

我们有没有思考过这样一个问题，在自己的大脑和神经体系中，究竟在发生着什么？或者体内各种器官是如何运作的？如前所述，身体是炉灶，食物是燃料。关于这一点，斯坦福大学的马丁教授说：

我想，烧过炉灶的人一定知道，如果不去除煤渣而一个劲地加煤，那么用不了多久，煤渣便会聚积起来，导致熄火。人的身体的工作原理和炉灶完全一样，长时间使用手或大脑，也会聚积“煤渣”——就是“体内废物”，使得火势减弱，这就是疲劳。

不断地去除体内垃圾，这就是血液的工作。一滴血三十秒钟之内就可以在全身循环一次，在这期间收集微小的体内垃圾，并迅速地将其运送到肝脏和肺等排泄器官，在那里将体内垃圾处理掉。

如果血液以体内垃圾形成的同等速度将其排除，我们应该不会感到疲劳的。但实际上体内垃圾却在堆积，肌肉和神经不久都会产生疲劳。神经比肌肉更容易产生疲劳是因为神经细胞比肌肉更敏感。

比如，过度地使用心脏，供血速度就会下降，便不能充分地排出体内垃圾。于是，由于各个器官疲劳，使得神经一直处于紧张状态，各个神经节的功能下降。

另外，整天做毫无变化的工作，由于持续同样的刺激，神经就会疲劳。由于工作性质的不同，有些不得不单调，但可以通过运用潜意识，可以防止疲劳。据老资格的会计师说，他们一边机械地在加一排排数字，一边在潜意识中沉湎于各种梦想。

“上午的才能”胜过“下午的努力”

如果上午能够把工作做得更好的话，那么就应该在上午完成重要的工作。单调的杂务可以留到下午去做。

我认识一位当今顶尖的作家，真的是很有精力。他上午就去工作室，但不马上开始工作。首先整理桌面，口述工作信件，给拖了很久的朋友写回信，做完前一天留下的工作，接待客人。以上杂事花他两三小时。尽管上午大脑清醒，充满生命力，是发挥实力的时间，是创作欲望旺盛的时间。不一会就到了吃午饭的时间，叫上速记员开始创作。在大脑疲惫、思考能力下降时才开始做最重要的事情。

由于这样，刚到工作室时像水晶般清澈的大脑，到了开始工作时，已经充满了跟写作无关的所有杂务。就是说，他的大脑已经失去了相当的活力。原来只要完全发挥出上午能够发挥的力量，那么就会创作出有魅力的作品，让人从中感到自然流露的无穷力量、无与伦比的乐观思想和生动的文体。但是，他却没有做到这一点。读他的信，时常可以见到他作品中没有的那种极具魅力的文体和自由奔放的表现手法以及乐观的思想。他将自已的才华完全消耗在拆阅和回复信件等鸡毛蒜皮的杂事上了。

意大利学者皮耶拉奇尼对打字员、誊写员、采石工、挖掘工以及制作枪弹和铆钉的工匠的平均一小时的工作量进行了长期的调查。结果发现，开始工作后的最初二三小时，无论什么工作，效率是最高的。因此，在上午的中间阶段的工作量是最多的，之后便急速下降。在午餐后有一个反弹，但之后工作量便渐渐地下降，直到下班时间。

密西根大学的隆巴德使用一种叫作黄色图表的记忆装置，自己进行了这样的实验：用中指举一定分量的重物，看能够举几次。实验结果是，举起的次数从上午开始逐渐上升，到上午十点左右达到顶峰。然后逐渐下降，到下午四点达到最低。之后又逐渐上升，到了晚上，成绩又显示出比黄昏时好的成绩，但不如上午。

“何谓疲劳”的作者弗里德里克·S. 李博士作了如下阐述：

> 疲劳就如进行剧烈劳动后感到的那样，很多时候被认为是一种感觉。但是，实际上是各种感觉的大型复合体。其中包括的感觉因工作性质而异——使用脑力还是使用体力，如果是体力工作，也会因使用的特殊肌肉群而异。但是，疲劳达到极点时，便不大会感觉到这种差异。大脑中可能会有一种无名的“疲劳感”；也许会由于血液或淋巴液过度积聚或

肌肉纤维断裂而感觉肌肉疼痛；也可能因淋巴液积聚而关节发硬；因同样原因而手脚浮肿；也可能是大脑贫血和睡意同时袭来；甚至是维持体温的功能紊乱而发烧；另外也可能有其他症状。但是，不管是脑力劳动还是体力劳动，最常见的是劳动欲望的下降。原因可以举出许多，比如：神经系统的功能全面下降、各种不适症状出现、身体组织对于刺激的感受性变得迟钝而使得自己觉得做什么事需要比平时更强烈的刺激才行，等等。

要对身体疲劳时所产生的非常复杂的感觉混合物作系统的分析是非常困难的，但疲劳感主要由在大脑以及脊椎以外的地方所产生的各种情况——即我们称之为物理和化学现象——所引起的，这个事实为大众所知。然而，这种事实并非只出现于做带来疲劳的工作的组织，疲劳物质不仅会使从事工作的组织疲劳，也会通过血液运输到其他组织，并在那里产生疲劳物质特有的作用。一个组织的极度疲劳会引起其他组织的疲劳，这一事实在日常生活中具有重要的意义。因为我们都以为过度使用肌肉会引起精神疲劳。

怎么工作，这是决定一天工作结束后还剩多少力气的关键。认真做的话，干起来很欢，一转眼工夫一天就过去了。如果老是看着时钟不情愿地干的话，马上就会疲劳的。

你是否在以“百米冲刺”作“长跑运动”呢?

另外，也有人上午精力使用过多，到了中午就疲惫不堪了。这种人使用大脑和神经的速度过快。就好比以百米冲刺作长跑运动。

我曾经观看过哈佛大学和耶鲁大学的划艇对抗赛。耶鲁大学运动员以每分钟三十四下的节奏不慌不忙地划着，而乘在深红色赛艇上的哈佛大学运动员则以一分钟四十下以上的节奏一直跑在耶鲁船队的前面。在通过半程显示旗时，已经把耶鲁大学拉开了一条船的距离。在岸边以及河边小船上观看比赛的许多哈佛大学的学生和毕业生沸腾起来。但是，耶鲁大学这边既不加速也不兴奋，不慌不忙地依然以每分钟三十四下的节奏稳健有力地往前挺进。他们决定为最后的拼搏节省体力。他们冷静，充满信心，胸有成竹。

哈佛大学的赛艇将耶鲁大学队拉开了几个艇位，通过了显示四分之三赛程的旗子。这时，耶鲁依然维持着出发时的稳健沉着的节奏。

耶鲁大学的蓝色赛艇在通过四分之三赛程的旗子后，开始顽强地缩短与哈佛大学的距离。见此状况，哈佛大学队以更快的节奏开始往前冲。但是，他们的划桨已经不如对手了。很显然，这是体力不支所致。在最后的追赶中，耶鲁队队员虽然略微加快了节奏，但依然是以稳定的速度追上了前面的赛艇。在陪跑船和岸边观众的震耳欲聋的欢呼声中到达了终点。

哈佛大学队员过早就用尽了力气，但耶鲁大学队员却节省体力，将其用在了关键时刻的最后的有力而稳健的一划。耶鲁大学的胜利没有什么秘密，仅仅是准备周到而已。

能否在人生的竞争中获胜，很大程度上取决于储能的多少。对健康无所谓的人、过着花天酒地的生活的人自己在减弱自己的抵抗力，不断地消耗着储备。在这种状态下，一有意想不到的事情发生，身体马上会垮掉。但遗憾的是，大部分情况下本人几乎没有注意到这一点。

为了帮助大脑工作，首先必须培养良好的生活和健康习惯，明智地按照科学方法摄取优质食物；适当地散散心，充分享受业余时间。尽量避免乱心之事，永远以温和的心情生活。

今天，保存体力的最大敌人是没有节制。不仅仅是酗酒和滥用药物，也有饮食、抽烟、社交方面的不节制。浪费珍贵的精力就是没有节制。

医生们都知道，由于不节制而患病的人，就等于是没有希望度过生命的危机。但是，有充沛的储能在疾病和自己之间筑有碉堡的人却能够轻松地度过。

每年有大量的人患肺病而死。如果他们对疾病有抵抗能力，也就是说没有失去体力，具有度过疾病危机的充分活力，那么就能够简单地保住生命。因饮酒过度体力耗尽手术后就死去了，这种人很多。酒精会消耗活力，削弱对疾病的抵抗能力。

可以将过着不节制生活浪费保存的体力的人和锻炼身体注意尽量不失去身体活力并不知疲倦地投入工作的人作一比较，肯定是体力储备增加的人崭露头角。

罗伯特·科利尔博士说：

> 自我克制即是一种美德。就如储存生命力，美德也可以储存，如果我们小心谨慎，就可以变得富裕和强大。这样，即使我们面临突如其来的全面危机的考验时，也不会遭受损失，比如遇到火灾时，能够毫发无伤地逃出来。为什么呢？因为同一城市的居民知道，谁是可以相信的杰出的人物。并且，大家也知道，可以将生命、财产、名誉托付给谁。所以，即使有人打扮成光明天使对他进行中伤，中伤者倒反而会招来怀疑。
>
> 积累美德的人，即具有洞察力和先见之明、不屈的精神和勇气这些珍宝的人，就是这样的。即使发生震撼大地的混

乱，他们也会不慌不忙、坚强稳健，总是发挥着照亮黑暗的灯火的作用。总有一天他们的美德会经受考验。这时候，贫嘴薄舌之辈会说三道四，被不安占据心灵而不能完全相信别人的人会抛弃他们。并且，连相信他们的人也会痛苦。但是，他们所积蓄的力量是不会变弱的。明亮闪烁的灯火不会留下烟雾和异臭而消失。他们即使遇到不幸也不会改变，到一切结束时也不会改变。

不会作“小努力”的人，“大成功”不会眷顾

根据专家推定，由于错误的生活方式和习惯以及无视健康原则，男人平均至少寿命缩短三十年。据为政府官员和保险公司的职员做体检的医生说，八成的美国工人有健康问题，这给他们的工作带来了很大的损失。就是说，光从工作效率上来说，他们失去了大部分原本可以取得的成果。

美国是块繁荣的土地，社会风气也很激励人。不乏要想大干一场的鼓动因素。即便是身处贫穷深渊的少年，如果想要功成名就，机会比其他任何国家要来得多。美国是一个机会丰富的国家，超乎人们的想象。然而，尽管我们的环境得天独厚，但我们的健康状况不能说好于其他任何国家，这完全是因为我们没有进行完善的健康管理，是因为无视身体需要，不注意生活习惯，是因为不做任何维护身体健康的事，对自己漠不关心。

如果想获得成功，必须竭尽全力地去抓住机会。不是利用业余时间蜻蜓点水般地敷衍一番，而是要来真的。这样就必须保持健康。无论做什么，必须倾注你所有的精力和热情，拼了命去做。这是唯一的成功之道。

平时注意调节身体状况，对于干大事业的人是理所当然的。他们知道，如果毁了身体而不能如愿地发挥效率，那么能力、判断力、自控、执行力、自信、独创能力就会明显下降。因此，为了事业，平时注意调节身体状况就是重要的任务了。否则，就永远成不了大人物。

身体是创造能量的机器。一生能做什么取决于人的精力。它是创造人生、创造成功的源泉。在精力上发生问题的话，那么在健康、事业和人生上也会发生严重的问题。

要做能够充分发挥大自然赋予我们的力量的工作，无论发生什么都必须保护身体。如果不能，说明对自己缺乏呵护。不能说你已经竭尽全力地充分利用了能干大事业的机会。

我们可以看一下一流的男女演员、歌剧演唱家是怎样进行健康管理的。当身体状况不佳时，就没有活力唱出好歌，这是每个一流歌手都知道的。因为他们知道，如果没有用好歌喉唱歌的体力，就会名声大跌。

在我国，最可悲的一件事是，尽管很多人具有优秀的头脑，却出不了大成果。其原因不是本人无知，就是不愿意为发挥非凡的才华而付出代价。

无论做什么，身体最重要。如果在健康方面不胜人一筹，就不可能付出超人的努力。体力寓于健康的体魄，大脑的功能也是通过身体发挥的。假如某个地方不舒服或者衰弱，那么就不会有好的创意，也不能发挥创造力。

我们常听说许多浪费生命的可怕事例，其中最大的是浪费才华。由于无知，不科学的生活方式和坏的生活习惯，使原本应该具有的相当一部分能力丧失殆尽。没有比这种浪费更厉害的了。我们没有将自己的能力充分发挥，也没有最大限度地加以运用。没有通过合适的食物、正确的生活习惯和思维来保证大脑和神经充分地工作。

正由于平时没有对身体状况作调整，使其不能发挥最大的效率，在竞争中败下阵来，这种人比比皆是。因为他们没有深刻体会到：明晰的思考是明晰的大脑的产物，制造明晰大脑的只有新鲜的血液，而新鲜的血液是通过科学地择食干净的食物制成的。另外，心有烦恼焦虑不安，即便饮食生活有规律也不能制作新鲜的血液；焦虑不安会引起消化不良，即使吃质量再好的事物，也会制造出危险的有害物质。这是应该了解的。不仅是食材，食用时的心情也是很重要的。

年轻而大有作为的商业人士的“早晨的决心”

总是以最佳的状态精神百倍地生活是上帝赋予人的最大任务。这对于想尽量出大成果、充分发挥自己的能力的人来说是必不可少的条件。

我想起一位年轻有为的实业家，他为了磨炼自己，提高自己的能力，不断地进行难以置信的努力。为了始终能够发挥自己的实力，坚持每天进行严格的训练。至今依然小心翼翼地保持着一定的体力和脑力。因此，无论何时发生什么，都能马上发挥百分之百的力量。

很多年轻人埋怨说：“我之所以满足于目前枯燥无聊的工作，是因为没有遇到好的机会。”但是，与这位青年为了取得更大的成果而尝到的、今天也正在尝的痛苦与艰辛相比，这些年轻人所经历的苦楚还不到一半，可他们却失去干劲，泄气退却了。

这位青年为了让自己的身体和大脑发挥出最大限度的力量，总是像对待高级精密仪器般地爱护着身体和大脑。不管晴天还是雨天，也无论是心情好还是不好，每天准时起床，早晨六点骑马出去运动，然后准时上班，准时下班后去体育馆作同样的运动。

一天的工作日程在早上开始工作前就已经定好，安排好需要创造力的工作时间，在此期间，除非有特别重要的事情，谁都不能打搅他。

对饮食非常严格。根据自己的经验和专家的意见，无论好恶，只吃对身体有益的食品。无论多忙，一定给吃饭以充分的时间，细嚼慢咽。下班后，即使有同伴或者是在欢迎宴会的现场，总会静静地站起，跟大家打招呼后准时回家。

他每天安排一定的时间自我开发。有时也阅读对提高自己有用的书籍和文章。每天都得让自己在知识上有所收获，在修养上有所提高。每晚都感到“今天干得不错”，感到“自己进步了”。这就是他的人生，他的生活方式。非得让自己觉得比昨天提高一点了，成长一点了，好一点了，坚强一点了。他每天早晨一定下这样的决心：“我要把今天变成我人生中不可替代的一天，只要能让我工作出成绩、让我更好地做人的话，那么无论什么事我都会去做的。”

这位年轻人对我说，他正努力地成为一个像海绵一样的人，想从所有经历中摄取有营养的、能使自己成长的、能促进工作的、培养人格的一切东西。他还说，无论什么书，肯定包含对自己很有用的东西。

这位非凡的青年对自己非常严格。所以，为了使自己不偏离目标，他不能任性而为，贪图安逸，做事喜怒无常、避重就轻，尤其是在“没有心思”做事的时候。即使看到周围的人在无聊的娱乐活动中打发时间，他也不会眼红。

也许有人会这么说：“就为了多挣那么点钱，牺牲各种乐趣和快乐，吃那么多的苦来磨炼自己，值得吗?”但是，这不是钱的问题，为了得到健康，更为了获得成功，就必须付出这种代价。要么付出代价而获得，要么不付出而半途而废；二者取一，没有其他路可以走。

也许有人会说：“这种生活，免了吧!”这种人不愿意像这位年轻人一样付出代价，但却非常嫉妒这个青年的成功，说他“运气好”。

几乎所有人都由于不想为获得成功和健康付出代价，因此遭遇失败；他们不抱有为严格的自我锻炼花上数小时的思想准备，却想寻找一条舒舒服服地走向成功的捷径。成功者所走过的道路对他们来说太寂寞，受不了，要走一条安逸舒适的路。他们用极少的代价获取廉价的成果，获得“省事的”成功。但又不满足于此，于是不检查自己的不当而将其责任转嫁给其他的人和事。

如果要想取得大成就，必须要像面临比赛的运动员一样锻炼自己，保持健康，提高大脑的功能。即使重大的工作以失败告终，但如果能够重新振作起来的话，那也将会是一分收获。

译　注

1. 恺撒在自撰的战记中大书特书自己的私生活和军旅生涯，但对自己的健康状况只字未提。历史学家们从古代作家那里得到的相关史料少之又少，所知道的是恺撒在50岁之前身体状况一直良好，不但参加战斗，甚至52岁时在亚历山大湾负重游了200米，唯一得过的疾病是在公元前85–82年间从苏拉那里逃出来时得了疟疾。但明显的是，恺撒50岁之后得了一种影响他日常生活的怪病。古代作家苏埃托尼乌斯（Gaius Suetonius Tranquillus, c.70–c.140）提到这种疾病一直伴随着恺撒直到遇害，除了患有癫痫，典型的症状是意识混乱，还做噩梦。恺撒有时说他突然从座位上站起来时会感到战栗和眩晕，甚至失去知觉，在指挥战役时癫痫病就会发作。阿庇安（Appianus, 95–165）说是抽搐，又提到恺撒认为他谋划帕提亚战役（Parthian campaign, 公元前44年）可能治愈了自己的怪病，这种怪病尤其在他不打仗的时候折磨他，这与苏埃托尼乌斯的叙述矛盾。普鲁塔克（Plutarch, 46–120）的叙述更为详细：恺撒患有头疼、精神紊乱和癫痫，在西班牙的科尔多瓦（Cordoba）作战时癫痫第一次发作，之后在公元前46年的萨普苏斯战役（Battle of Thapsus）中旧病复发。据记载，恺撒两次到过科尔多瓦，一次在公元前49年（内战开始之初），一次在公元前 45 年（内战结束之时）。据此可以推算出恺撒第一次癫痫发作时 51 岁，第二次大约 54 岁。普鲁塔克对第二次发作的细节做了有趣的描述：当恺撒集结军队准备作战时，他感觉自己的老毛病又犯了，在被疾病彻底打垮之前只好撤出战场，被送到附近的堡垒里，战斗期间一直留在那里。不过，普鲁塔克指出另有一个版本，认为恺撒参与了战斗。两千多年来，大多数历史学家接受这三位古代作家的断言，即恺撒患有癫痫病。但最近，伦敦帝国学院的两位医学家弗朗西斯科·加拉西（Francesco Galassi）和胡坦·艾希拉斐恩（Hutan Ashrafian）提出了新的见解，认为恺撒曾受脑血管疾病的困扰，症状与小中风更为一致。他们论证：恺撒晚年的健康之敌（包括四肢无力、头晕和头痛）是由小中风导致的，即当大脑暂时缺血时就会发生。同时，他反复无常的性情和抑郁症也是中风导致的大脑损伤的结果。作为证据，两位专家提到两次事件：一次，当元老院向恺撒致敬时，恺撒居然没有站起来受礼，这震惊了罗马的公众。根据普鲁塔克的说法，恺撒后来将此归咎于他的老毛病，导致他感觉剧烈战栗和天旋地转，随后产生眩晕，失去知觉。另一次，在聆听雄辩的演说家西塞罗（Marcus Tullius Cicero, 106–43 BC）的演讲时，恺撒表现出古怪的行为：他被西塞罗的言辞打动，全身颤抖，文稿从手中滑落，随后彻底瘫倒在地。两位专家认为，这些症状的发作使得恺撒同时代的人很容易联想到癫痫病。因为当时的罗马人把癫痫称为“跌倒病”(morbus caducus)和“会场病”(morbus comitialis):前者的得名是由于癫痫发作时，病人会忽然跌倒;后者是因为按照当时习俗，如果一个议员突然痉挛，就要暂时取消集会(comitia),举行宗教净化仪式。但是，恺撒的症状只是到了晚年才明显发作，这在癫痫病中极其罕见。不过，恺撒的家族成员中确实有暴死和不明原因死亡的病史。老普林尼(Gaius Plinius Secundus, 23–79)曾提到恺撒的父亲和其他亲戚在穿鞋时毫无征兆地倒毙，这使得加拉西和艾希拉斐恩猜测，恺撒可能有心血管疾病的遗传倾向。这项研究不是第一次对恺撒的疾病做出新解释，以往的研究者们提出了各种猜测，从偏头痛、疟疾、美尼尔氏症到寄生物感染、脑瘤甚至梅毒，不一而足。有趣的是，恺撒有充足的理由假装患有癫痫病。古希腊名医希波克拉底(Hippcrates, c. 460–c. 370 BC)在公元前400年写的《论圣神病》中已经对这种病做了描述，所以当时的罗马人并不陌生。古罗马的民众认为癫痫病的发作是神灵附体的表现，而且经常与权力相关。因此，恺撒有可能为了巩固他的公众形象而大肆宣扬自己得了癫痫病。

2. 帕斯卡终其一生的健康状况都很糟糕。早在18岁时，他就遭受神经疾病的折磨，几乎天天生活在病痛中。1647年因过度劳累麻痹症发作，只能靠拐杖才能行走。他同时患有头痛、肠胃灼热、四肢冰凉，因此穿着浸泡着白兰地的袜子来温暖双脚。为了得到更好的治疗，同年秋天他和姐姐雅克利娜（Jacqueline Pascal, 1625–1661）移居巴黎。虽然他的健康状况得到了改善，但神经系统受到永久的伤害。此后，他患上了严重的疑病症，对他的性格和哲学产生了一定影响。他变得敏感，因维持自尊而容易发怒，而且很少面带笑容。1659 年，健康状况不见好转的帕斯卡感觉病情危重。在生命中的最后几年，他经常拒绝医生的帮助，说“疾病是基督徒的自然状态”。1662 年 8 月 18 日，帕斯卡进入抽搐状态，接受了神父做的终傅。第二天早上，帕斯卡与世长辞，遗言是“上帝请不要抛弃我”。尸检表明他的胃和腹部的其他器官有严重病变，并且伤及大脑。尽管推测他患有结核病和胃癌，或两者兼而有之，但不能确诊他长期健康状况糟糕的病因。长期折磨他的头痛一般归咎于大脑机能障碍。

3. 纳尔逊的一生患有多种疾病，在战斗中又多次受伤，但他克服了这些伤病而成为一名领袖人物，并激励着他人。纳尔逊九岁丧母，三年后被舅舅萨克林船长（Maurice Suckling, 1726–1778）带到了战舰雷森内博号（Raisonnable）。只要战舰离港，可怕的晕船病就会发作，并终身折磨着他。1775 年在印度洋上，纳尔逊受到疟疾的第一次侵袭，差点死掉。1777 年 6 月在朴次茅斯，为洛斯托夫特（Lowestoffe）号战舰征兵时，第二次感染疟疾。1780 年在中美洲的圣胡安河（San Juan River）远征中，纳尔逊感染了黄热病。1787 年 11 月在从西印度公司返航英国的路上，高烧不退，船员们准备了一只朗姆酒酒桶，打算安放纳尔逊的遗体。1794 年 7 月在科西嘉岛的卡尔维（Calvi）攻城战中，被敌方炮弹爆炸掀起的碎石击中右脸。纳尔逊写道："今晨，我挂了点彩"。实际上，右眼可能因视网膜脱落而失明了。1797 年 7 月在德特内里费（Tenerife）的圣克鲁斯（Santa Cruz）战斗中，正当他抽出佩剑时，右肘被枪弹击中。军医从肩与肘的中间部位切除了上臂，因没有麻醉剂而只能让他服用鸦片止痛。一个半小时之后，他继续下令指挥战斗，口述信件，并试着用左手签名。当一个月后回到伦敦时，感染的残肢导致了致命的败血症，而乔治三世（George III, 1738–1820）的御医也束手无策，幸好纳尔逊活了下来。1798 年在尼罗河战斗中，纳尔逊又一次死里逃生。当前额擦伤的一块皮肤挂在尚存的左眼上时，疼痛使得纳尔逊以为自己的左眼也瞎了。直到战旗竖起来的时候，左眼的视觉才恢复。最终，在 1805 年的特拉法加海战中，纳尔逊被法军的枪弹击中，肺动脉破裂而阵亡。

4. 健全的精神寓于强健的身体（mens sana in corpore sano）：语出古罗马诗人尤维纳利斯（Decimus Junius Juvenalis, 60–130）的《讽刺诗集》第 10 编第 356 行中的一节。

第4章

沉睡在自己内部的“理想的自己”将要苏醒了

是否在自己欺骗自己?

“你好吗!”一句耳熟能详的寒暄语，但有多少人理解这句话的真正含义呢?“‘好’是什么意思?”扪心自问一下吧，如果你认为这种事情再明白不过的话，那就再问一下自己:“我好，还是不好?如果好的话，那又是为什么呢?”

英国的食物疗法权威——韦布-约翰逊博士说:

> 普通人对健康的形象描绘是千差万别的，但基本上没有点中要害。经常说自己感冒、便秘、头痛、失眠、关节炎、神经炎、健忘、注意力不集中、乏力、过敏的人，怎么能说是健康的呢?许多人只要不是整天卧床不起，就不会说今天不舒服。即使整天浑身无力总想休息或者发现要换一下房间的空气，也不例外。有位印度的农庄主说:“听说我如果不改变现在的生活方式，两三年之内将会死去。”他不仅是个酒鬼，还是个大烟枪，一日三餐离不开肉，期间嘴也不停地吃着什么。他听不进这个预言，但两年后中风死去了。他本人坚信自己身体好得像头公牛，朋友们也信以为真。并且，

在印度的阿萨姆邦生活的二十年里没有一天生病卧床，也没有发过一次烧。

以前伦敦的某家报社主办了一届主题为"不健康是罪恶吗?"的研讨会，发表了"多病者不值得同情，应该遭到谴责"的观点，不要宠坏他们。坦诚的医生应该像基督那样，对自己治愈的病人说："去吧，再也别犯同样的罪了。"故意糟蹋自己的身体而不得不卧床的人是社会的累赘，因为有人要代替他做原本应该他做的工作。从雇主那里夺走了雇主支付工资让他工作的时间，从这个意义上来说，跟骗子毫无区别。

比如，年轻人和朋友沉溺于玩牌而熬夜至第二天早晨，然后筋疲力尽地前来上班。可精神已经疲惫不堪了，这与狡猾的雇员抢夺雇主的钱箱没什么两样。

假设有一个虚度人生的妇女，平时尽兴地玩乐，白天黑夜颠倒，并且专吃油腻的食物，肠胃不断地受到损害。这种女人即使变得神经衰弱，不该怪别人，应该怪自己。在抱怨神经前，应该扪心自问一下自己："我哪里做错了。"如果是一个诚实的医生会回答你的提问，但不会同情你。

如果你是一位以小时为单位算工时的商人的话，应该清楚地知道，一天不干活是多么浪费时间啊。当然，也会请上一天半天的假，但这与身体不好而整天无所事事不同。商人们知道，为了要与竞争对手并驾齐驱，必须做到“全天候”。

这件“好事”绝对没有错！何谓绝不会吃亏的保险？

必须让体内的所有原子处于活跃的状态，而不是让我们自己慢慢衰老。我们要让身体长期地辛勤工作，然后也要让她有一个灿烂的终结。就是说，要让身体无处不弱，无处不好。这是让整个身体保持协调。但是，我们的饮食生活或者生活习惯中有着什么不好之处。遗憾的是，调整得精致入微、令人惊讶的我们的身体就像一台机器，某个零件会先损坏，因而必须时常让其停止工作。如果忠实的神经不发任何警示，也许肝脏会损坏。如果肝脏不工作了，我们就一天也不能生存。或许心脏会拒绝供给生命之源——血液，拒绝让血液在全身循环。这样的话，将近一半的大脑功能会因身体的某个部件失灵而不能正常发挥。

这是多么伤心的事啊！胸怀像神一般的宏大志向，具有像神一般素质的人只是由于身体的一部分不适，不要说工作了，就连生命也不得不中途终止！竟然终止在这世上的一切活动，抛下一切长逝而去！在这之前应该是接受过来自神经的警告的，但却用药物和毒品欺骗了自己！

如果发现有这样的危险，必须尽量地犒劳自己的身体。不能再冒赌一下的风险了。必须保护自己不要负担太重。因为我们知道，过分摄取烟酒、咖啡、红茶等刺激物会慢慢地损害身体的功能，所以应该节制这些东西。比起昂贵得令人瞠目结舌的名表和汽车等奢侈品，更应该好好珍惜自己的身体。为了让身体保持平衡与协调，应该经常加以维护，使每个部分都能够运作自如。能否做到，关系到一切的一切。

我认为，保持身心健康才能做你倾注一生的工作，世界上没有比这更可贵的事情了。当医生告诉你说“长脂肪了”、“肝脏有点问题”时，才会猛想起要过健康的生活，但没过多久，又依然如故了。这于事无补，重要的是贵在坚持。

对于健康，要掌握科学知识，过有规律的生活，决不能心血来潮。这才是获得力量的关键。为了让自己的能力得到充分的发挥，就必须使身心保持完美无缺的状态，也就是健康的状态。对你来说，有比这更重要的事吗？

有许多人，由于各种不良习惯，几乎不能发挥原有的能力，不能如愿地获得成功。只要养成良好的习惯，应该是能够发挥出最大效率的。好好地扪心自问一下自己，以往的生活方式是否健康？

想活出自己的风采，但等待你的是炽烈的生存竞争。在各个方面，你被要求努力到极限。你面对的不是意志薄弱者和没有思想准备的人。在这种环境下，你有获胜的希望吗？

你有没有想过，一个身强力壮、充满活力的人与一个经常生病且没有活力的人之间，在潜力方面有多大的区别？精神取决于强健的身体。有了强健的身体就会有干劲，会变得开朗快活，也会增加创造力、勇气、独创性、应用力、注意力。而当活力下降时，体力就会衰弱，大脑功能随之变迟钝，神经功能也会下降。

所以，如果想将人生引向成功，那就只有保持最佳状态。正因为不想付出代价，让自己的体力完全发挥，只能拖着病弱的身体度过一生，这种人何其多！他们过着损害健康、摧残身体的生活，因此不可能释放出干一番事业的活力。

注意健康，努力保持和增强体力，只有这样才能取得人生的成功。因为，在许多情况下，体力决定胜负。光有意志力和野心，不能替代充沛的活力和强壮的体魄。

能取得最终胜利的，属于那些最热心于工作、最坚忍不拔地从事应该做的工作的人；即使在别人丧失力量、丧失信心的时候也能精力充沛地继续工作的人；别人筋疲力尽时也能坚持拼搏的人。

归根结底，是否能够坚持不忘初衷，是获得巨大成功的关键。要做到这点，无论怎么说，身体是第一位的。任何东西都不能取代强壮的体魄和有耐力的身体。即使你有多大的才华、受过多么高的教育，光凭这些是不能获得成功的。你能发挥多少力量，取决于健康的体魄、发达的大脑和活跃的神经之间精微的平衡。

身体宛如银行，里面储存着充分的力量，能够用于紧要关头，这是多么美妙的事啊。但是，人们在克服一天天的艰辛的生活过程中将体力挥霍殆尽而面临危机时，往往不能发现。当人们面临身体危机时，需要更多的体力，可是已经所剩无几，身体这个银行因透支而不能支付。

活力下降，智力水平也会随之下降。很多人想要让自己变得更有才华而在所不惜，却没有注意到，想得到双倍的成果，只有让自己变得更加健康，锻炼出一个充满活力的身体才行。

投资健康绝对不会吃亏，没有比这种储蓄更划得来的事了。这是绝妙的人寿保险、健康保险，是一种保证成功和健康的保险。

“自信”是立竿见影的最好的滋养强壮剂

每当我出席什么聚会都会想，主办这种会议或以自己为中心发言的人当中，有很多人一看上去就很出众。让人感到精力旺盛的人，自然就会被人仰慕，成为众人的中心。我国最伟大的辩论家韦伯斯特，无论是他的仪表还是举止都堪称一流，看一眼就过目难忘，甚至英国的政治家们把他比喻为希腊之神。

韦伯斯特答海恩（Robert Young Hayne, 1791–1839），美国著名肖像画家乔治·P. A. 希利（George Peter Alexander Healy, 1813–1894）绘。

确实，也有些具备伟大智慧的领导人身体却不那么健康，但我总觉得，如果他们能用强壮的身体支撑他们的头脑的话，也许会更加伟大。

为了让人对你刮目相看，说你是个干将，是个大人物，你就必须要比一般人要健康。有前途的人往往在体力方面得天独厚，因此其大脑运转也快。所以，对他来说，要获得成功，就像呼吸一样，简直就是小事一桩。

看到原本可以居人之上、充满活力、给人以爽朗印象的人，却被损伤的神经玩弄，看了真叫人痛心不已。平时总是焦虑不安、跟人乱发脾气、沮丧、心事重重，为了一点在身心健康的人看来微不足道的小事而损伤自己的神经，这样，一旦心情不好，部下会怕你而不会主动与你说话。这绝对不是上帝要造的人的真正面目。与上帝创造的人似是而非。

没有人会信任不相信自己“能够活出自我风采”的人

有很多人，身心羸弱，一生碌碌无为。其中的重要原因是因为对自己没有信心。他们没有自己也会健康、也会成功的自信。做任何一件事情，自信是种巨大的推动力。缺乏或怀疑信念，是最大的破坏力。意志坚强的人、具有独创性和实践能力的人、能够做轰动世界的大事的人，无一不是极为自信的人。他们相信自己决定要做的事情一定能够做成，相信有志者事竟成，对于自己的前途无量深信不疑。

另一方面，对于自己的健康、能力、前途没有自信的人，就不会有成功的希望。因为没有过人的自信是不能发挥实力的。

“自信”是立竿见影的最具滋养的强壮剂。超凡的自信是增进健康的良药。自信、希望、对更好的东西的期待、对己对人的信赖，这些东西都会对健康带来好的影响，与爱情与奉献精神一样，有治愈疾病的作用。反之，缺乏自信和信念、做事犹豫缺乏胆量，这些都会使身体功能下降，阻碍健康。

思维很大程度上左右着健康。如果想要得到健康，就必须在大脑里时刻描绘自己想成为怎样的人。必须想象理想的自我是这样的人：健康而强壮、勇猛而有活力。上帝创造的正是这样的人，而非都是有缺点、羸弱的人。

就是说，要想成为强壮的、精力充沛的人，必须时常具有自我意识。这就好比精神疗法医生要给病人治病时，得把患者应有的样子放在脑子里面。我们必须想象一个完美的自我形象，觉得自己“没有什么弱点或缺陷不好，强壮、精力充沛”。就是说，健康到什么程度，取决于平时对自我形象的描绘。为了更进一步发挥实力、做有创造性的工作、获得令自己满意的成果，只有使自己变得更为健康，别无其他选择。因为健康了，所以能力大增，精力充沛，整体实力得以大幅提升。

很多人干活认真，但却忽略了自己的身体。身体这部机器的动力是血液。制造血液的是食物，这是我们人类唯一的能源。但是，几乎没有人按照科学方法合理地摄取食物，没有注意要选取能使大脑活力变得最多、能保持身体处于最佳状态的食物。

“那个人简直就是半个病人。”某商人在讲述前一阵不得已解雇的一名公司经理时这样说道：“他是最适合做那份工作的人选啊。可身体老是不好，交代给他的工作能做好一半算是好的了。可能不太考虑健康问题，睡眠不足，不好好吃饭，为一些无聊的事情浪费了精力，对身体不好的事都做了。清晨，马上要开始一天的工作了，他却像忙了一整天一样神色疲惫地来上班了。当天可以做完的事情，一半给他浪费掉了。这样的话，当然只有辞退他了。”

身体状况得不到保证，那就等于自己毁了自己。在日常生活中，我不知道还有什么比忽视健康更可悲的事了。我们每天做着不应该做的和不能做的蠢事。

这两把钥匙将开启成功之“门”

健康的体魄和经过训练的大脑，有了这两样，开启职业生涯就无所畏惧了。能依靠的就是这两样。成功的钥匙就掌控在你的手中。如果不是很健康，就没有“我行！”的自信，不能向世人展现你的风采。

重要的不是肌肉发达的身体，而是能发挥很强的适应能力的普通体力和活力。很多人误认为肌肉发达的身体才是健康，绝对不是的。不仅如此，有时甚至是危险的。温希普是个肌肉发达的彪形大汉，能够举起三千磅的物体，但年纪轻轻四十二岁就去世了。事实上，许多优秀的职业拳击手都英年早逝。我们所要的不是发达的肌肉，而是绝佳的活力、强劲的神经、健壮的体魄。这不仅对培育自己的信心、实力和幸福感，而且对于人生成功都是十分重要的，这点请大家一定要思考一下。健康就是血液里存在动力、威力和活力——分别转化为意志力、决断力和持久力，这个“力”传到你的大脑，帮助你努力。因为虚弱的身体不可能指望你有坚强的意志。

要想使自己的实力有飞跃性的提升，提高获得成功、满足和幸福的可能性，就只有让自己的身体健康起来，尤其是那些上了年纪的人更应该这样，因为要加强活动的肌肉有好几百块呢。上了年纪的人猝死那么多，是因为血管硬化。血管失去弹性，一旦负荷加重的话，肌肉组织中的血压受阻而无法释放，脆弱的血管就会爆裂。但是，如果坚持作舒展筋骨的运动，即使在有异常负荷加身时，也能够巧妙地让毛细血管的血液通畅无阻。

为了将人生引向成功，我们必须牢记过健康的生活。但是，如果老是觉得自己"体弱多病，不会长寿，不可能成功"的话，心情会沮丧，结果会适得其反。如果想获得健康、成功和幸福，就必须忘掉这些。

能否实现志向，取决于身体状况。当健康充满活力时，比起身体状况不好造成心情不佳时，更具有干劲和抱负。相反，如果身体状况欠佳的话，会担心也许不能获得成功。这样的话，不仅不能得到理想的效果，而且对自己的人生带来不可估量的损失。因为，失去希望的人生不能说是幸福的。

身体不好会给精神方面带来负面影响，这并不是因为痛苦，而是因为人生的目的不能达到而具有挫折感所致。越是年轻越会有这种想法："要是我健康的话，就会有辉煌的未来。"当知道自己的人生不能如愿、不能攀登到自己所设想的高度，是人生中所经历的最痛苦的事了。大多数人都会觉得身体的痛苦更难忍受。

因此，我们必须较早地学会保持内心的平静；保持理想的健康生活；坚信人类是由上帝所造，所以自身也能达到完美的，我们是为了成功和幸福而降生的。同时，我们也应该相信这样一条：上帝并没有安排我们被身体疾病和烦恼所折磨。因为我们的降生，是为了品尝和谐与幸福，不是为了痛苦和不幸，不是为了失败，而是为了品味成功，不是为了贫穷，而是为了富足。足以证明这些的证据，已经深深地刻在了我们的身体和心灵中，无以计数。

我们决不能忘记，必须具有无懈可击的完整的心灵和肉体，相信愿望肯定能实现，不要半途而废。这种信念会带给你良好的效果，变得更加健康，人生观也会得到升华。

“聪明的生活方法”中所描绘的驱除疲劳的方法

维护健康时产生困惑的原因，几乎都在于太理所当然的缘故。人最讨厌被人说不言而喻的事了。

你也可能在心里说：“入浴和呼吸有何用？当然，我要洗澡，也不会不呼吸，因为我活着啊。”

一点没错！但是，世上任何事情的做法都有对错两种。也许即使如入浴和呼吸这两件看似理所当然的事，说不定是以一种错误的方法在做也未尝不可知呢。

入浴的作用至少有三个：去除留在皮肤上的污垢、刺激皮下数百万的毛细血管促进血液循环以及刺激和激活分散在皮下和脊柱的神经细胞。所以，当你躺在浴缸里时，全身舒适。神经欣然高歌竭力帮你恢复疲劳的身体。

用热水泡澡去除了一天的疲劳，就可以睡个好觉。并且，早起后洗个冷水澡或用温水冲淋一下，便能精神百倍地度过一天。

不过，吃得太多后不宜马上入浴。至今已有许多人因为心脏病发作而溺死，究其原因就是餐后马上泡浴的缘故。

乔治·H. 菲奇在《聪明的活法》(*The Sensible Life*) 一书中说道：

最适合入浴的时间是餐前一小时或餐后三小时。如果餐后马上入浴的话，用于消化的胃中血液会流向别处，所以不宜。有利于身体的事情如果不连续的话，是不会养成习惯的，入浴亦然。希望大家注意使用优质的肥皂。因为劣质的肥皂含有过多妨碍去除毛孔污垢的碱成分。昂贵的肥皂中含有适量的碱和脂肪成分，并且完全不含有刺激皮肤的成分，你应该可以实际感觉其优点的。

因体力或脑力劳动而疲惫不堪时，不能马上入浴。休息三十分钟后，尽量用热水泡浴。拿破仑泡热水澡治愈了工作的疲劳。他在做完让全体部下叫苦连天的长时间紧张工作后，让人为他准备热水浴。边在浴缸里泡着，边接受仆人精心的按摩。于是疲劳马上恢复，又有了干活的精神。

也许，世上没有比拿破仑更具备忍受长时间脑力劳动的能力的人了。听说他在起草后来被称之为的《拿破仑法典》的时候，对作为典范的《优士丁尼法典》非常熟悉，因此令法国顶级的法律家惊叹不已。拿破仑在陆军军官学校读书时，学过这部法典，他以惊人的记忆力全部背了下来。他担任没完没了的起草委员会的主席，但却丝毫不显疲惫，似乎忘记了时间的流逝。

然而，不入浴纵然不好，但过多也无益处。泡浴时间过长，皮脂会流失，皮肤会变得干燥。泡澡使皮肤保持清洁固然重要，但千万不要泡到皮肤干燥。

另外，睡前和起床后，用粗糙的浴巾摩擦身体的话，会使皮肤保持健康、弹性。要健康，首先要保护皮肤的健康。

据推测，如果将人类的毛孔排列开来的话，普通人也有十二英里之长。通过皮肤呼吸，从毛孔中摄入氧气，排出有毒物质。我想，各位读者一定明白，保持毛孔中没有污垢的健康皮肤有多重要啊。

经常看到有人在海滨浴场长时间地浸泡在海水里，这是错误的。尤其是女性，似乎泡一小时以上看上去也无所谓，但一般浸泡的时间为十五至二十分钟为极限。海水在短时间内，会对皮肤带来良性刺激，但如果长时间浸泡的话，会损害皮肤。并且，海水的盐分会去除皮肤的自然油脂，所以海水浸泡后，会容易晒黑。因此，愚蠢的海水浴客经常会被太阳晒得如灼伤似的，痛苦万分，其重症者危及生命。

人类共同一次吸入的空气，具有开动全世界工厂的能量

每当我们呼气和吸气时，通过叫作“呼吸”的身体功能，产生着一个奇迹。运送有害物质的蓝色静脉血管通过肺吸入生命之源，于是在瞬间就再生为没有任何杂质的鲜红动脉血，再向全身的各组织输送新的健康血液。水具有去除皮肤污垢的作用，而在体内则是空气发挥作用，将不纯之物洗刷干净。

吸入的空气的质量好坏，比食物的质量更为重要，这一点也不夸张。即使吃差的食物，人也可以存活相当的一段时间，甚至绝食也可以撑上几天。但是，空气被切断的话，立刻就会窒息而死。

我们所吐出的空气中含有二氧化碳，这丝毫不亚于其他有害物质。含有二氧化碳的血液呈暗黑色黏糊状。把点着的蜡烛放入罐子或瓶子内，然后对着它吹气，火焰即刻灭掉。

在贫穷的、只有一间屋子的家庭里，一家拥挤地生活在一起，屋子里产生大量的二氧化碳，因此煤气灯也点不着。

弄几个广口瓶，算好平均每个需要多少空间和空气，按老鼠的大小，把老鼠放入等身大的瓶子里，不一会老鼠就会失去意识而翻倒，随后就会死去。

有很多人认为，房间要换气，只需把窗打开一点就可以了。但是，考虑到我们不断地吐出大量的气体，这对身体非常不好。在通风不好的屋子里睡觉，对身体是多么的不好，我想各位一定懂的吧。

加勒特·P. 色维斯博士说：“人每一次所吸入的空气，封存于其原子中的能量将足以开动世界上的所有工厂。”每次呼吸所吸入的氧气是重要的动力，能将失去活力的身体恢复、苏醒，同时又是创造这个物质世界的重要成分。氧气看不见摸不着，但没有它，我们就活不下去。

要纠正过去的错误常识是很难的。即便医生和记者苦口婆心地劝说“新鲜的空气很重要”，但很多人至今还深信晚上的空气对人体有害这种传统说法。

我们在户外度过的时间不到原本需要的一半。并且，即便好不容易到了户外，也没有能够做到呼入足够的氧气而得到恩惠。肺有两片，但大部分人只受用了一片肺的表面积。表面积的大小，决定肺能够供氧的血液总量。也就是说，如果不充分使用肺，就意味着净化血液的力量不充分。许多人弓着背、垂着肩、无精打采地过着人生。只要你掌握正确的呼吸法，你就会每天过得精神百倍。

人，清晨每醒一次，就重生一回！

人生的三分之一的时间是在床上度过的，所以不妨让我们了解一下跟我们息息相关的被称为睡眠的作用。

不过，对于睡眠，我们知之甚少。睡意会定期袭来；先是大脑模糊不清，一种想躺下休息一会的不可抗拒的欲望袭来，闭上眼睛。不一会便失去知觉，或陷入意识蒙眬的状态。当不久醒来后，浑身轻松，做好了重新开始活动的准备。这期间，在我们身上究竟发生了什么呢?

当我们清醒的时候，我们的身体时时处于活动的状态。即使坐在椅子上看上去处于被动的时候，所有的感觉器官在工作。神经不会遗漏哪怕是一瞬间的刺激，快速地从一个神经中枢向另一个神经中枢传达。肌肉会有意识或无意识作出反应，比如变换脚的位置、跷二郎腿、交叉双臂等等。另一方面，大脑时常保持着警戒状态，即便意识没有集中在某一件事上，也会思考一些什么，安排一些事情。这种状态一直持续的话，就会在我们的动力和活跃的神经的源泉——大脑里开始积累某种疲劳物质。这种物质和其他活性毒物一样，在现实中存在，并且是危险的东西，这一点已经通过化学分析证明了。

另外，突如其来的兴奋也会给神经带来紧张。门砰的一声关闭、盘子突然掉地打碎时，我们会吓一跳；近处突闻汽车喇叭声，会吓得跳起来；听到坏的或好的消息时，也会兴奋。总而言之，我们的神经在一天里恐怕要对无以数计的突发状态作出反应。当感觉器官收集到告知危险的和不可预知的信息后，会产生一系列循环性的神经反应。首先是知觉神经报告事实，支配肌肉的运动神经以光一样的速度起反应，使肌肉动起来。既有像拿起桌上的书那样有意识或主动的动作，也有眨眼那样无意识或被动的动作。这些肌肉的活动对大脑产生了各种刺激，比如恐怖、喜悦、满足、不安，等等。

反过来，这些情绪使肌肉连续地兴奋。我们不难想象，如果没有能自动停止这种恶性循环的制动器的话，身体这部机器即刻会损坏。

身体在休息时，我们身体的小哨兵——神经从不睡觉站岗的任务中解放出来，努力地用各种方法帮你解除疲劳，恢复元气。肌肉得到了放松。呼吸变深而有规律。蓝色的静脉血得以净化、再生，变成富含氧气的鲜红动脉血。

恢复疲劳的这种功能在人体处于轻松状态、没有妨碍这种功能的时候更能发挥作用。肌肉中的疲劳物质被一扫而光，大脑内的不纯物质也被去除，因此你只要像平时那样舒舒服服地睡就可以了。这任何人都能做到。

人必须睡觉。不吃东西倒也无大碍，但如果不能睡觉，那么大脑就会出毛病，甚至会导致死亡。听说过去在中国，在拷问囚犯时，使用不让其睡觉的手段。让囚犯走圈，用鞭子抽打，如果囚犯犯困，马上打醒。可怜的囚犯在痛苦中慢慢地死去。

由此可见，睡眠对于我们来说，是任何东西也不能替代的。人在睡眠中，进行着苏醒时绝对不能进行的恢复疲劳和元气的过程。如果没有睡眠，我们转眼间就会被有害物质感染而死。

拼命活着的人拼命睡觉

睡眠带来的益处取决于当事人的心情。不能将烦恼带到床上，也不能在床上进行思考、制定计划、说太多的话。只要充分地将紧张的身体放松，在大脑里描绘体内的各个器官正在为自己重新充满生命力。无边无际的大海拍打着你体内的所有原子，洗刷、净化着你，为你重新注入生命力、体力和天赐的创造力。想象大海具有的那种强大无比且具有创造性的神圣力量吧。明天一早，你就会在轻松愉快的心情中醒来，神采奕奕，充满着希望、力量和难以言说的控制力。临睡前，想象一下大自然给自己打了一针令人十分舒适的麻醉剂。大自然为你再生体内的所有细胞，创造一个崭新的你。睡眠是多么不可思议的一个奇迹啊。

睡前，心也要泡一下澡。忘掉一切不愉快的、想不通的、忧愁的事情；扔弃一切的嫉妒和不好的情绪。如果想永远年轻，千万不要带着对某人的恶意睡眠。

睡觉时把窗户充分打开，被子以睡着舒适而不太重为佳。这样，早晨醒来时心情会好得多。吸入新鲜的空气意味着点燃生命新的热情。作为生命之源的氧气进入血液会使全身的细胞活跃起来。如果整晚吸入污染的空气，当然会损害健康，给精神方面带来负面影响，也会让第二天的工作效率大打折扣。

医生经常说“感冒是心理作用”。野生动物一般不大会感冒。动物会感冒是在被人类饲养之后的事情。野马不会感冒，但被放入马厩盖上毛毯后，在人工环境中不接触新鲜空气就会感冒。并且，越是娇生惯养、盖多层毛毯、马厩里弄得密不透风，就越容易患感冒。你何曾见过一直在户外饲养的狗感冒吗?

听说在野外生活的未开化民族不太感冒。人原本是不会感冒的。这是“屋内生活”这种现代文明赐给我们的“恩惠”之一。无论酷暑严寒，要接触新鲜空气，睡觉时要开窗，不要宠坏了自己。

能否发挥自己的能力，取决于有无良好的睡眠。就是说，睡眠能否帮你恢复一整天工作的疲劳，修复损伤的部分。睡眠好的人有体力，心情愉快，做事有热情，有胆量。通过大自然的力量，全身的细胞近乎完全恢复了疲劳，重新变得健康和年轻，如果这样的话，寿命也会延长。并且，你也会觉得会得到新的机会，每天多会觉得自己能做点什么。充足的睡眠可以产生力量；会催生出体力和脑力；会催生出自信和能力，觉得自己可以如愿地享受人生。

为了能够放下心中的包袱做个美梦

睡眠的获取大致有以下四种形式：睡眠太少的人、太多的人、睡眠方式错误的人以及睡眠方式正确的人。

睡眠太少的人或者怀疑自己睡得太少的人，往往会诉说神经的状态不好：“神经紧张睡不着”、“原本就有神经质，定不下神来。”但事实上，神经与睡眠障碍是完全没有关系的。神经只报告睡不着这一事实。

当为睡不着而困惑时，应该从“神经”以外去找原因。卧室的换气是否充分，有没有吃对身体有好处的食物，是否在睡前吃过东西，是否工作过度，有什么事放不下心，等等。老老实实地想一想不要责怪你的神经。

很多时候自以为得了失眠症，但事实上不是，即很多人比自己认为的要睡得好得多。因为睡不着的夜晚会感觉非常漫长而认为得了失眠症，这也难怪。许多人会梦见自己睡不着，梦中的自己担忧睡不着，感到恐惧，还以为自己醒着。于是，就以为因为晚上没有睡好而早晨起床后疲劳没有恢复。但是，这大多是过虑所致。

我在前些年被严重的失眠症折磨，即便数着跳过围墙的羊的数字，或者大脑集中于某件事也无济于事。为什么呢？因为大脑集中于某件事意味着使用大脑，如果使用大脑的话，血液会集聚到大脑。这也就是要想办法解决的失眠原因。从生理学来讲，睡眠中，尤其在深度睡眠时，大脑的血液会减少一点。所以，在床上作思考是不好的，尤其是睡不着时更是如此。试着将注意力集中于任何一件事的话，会越发睡不着。要让大脑进入睡眠，唯一的方法是，逼迫自己不想任何事情，呆呆地躺着。

也有些人不是睡眠不足，而是睡得太多。他们在不是很疲劳时就上床，并且好睡懒觉，已成为了习惯。晚上十点睡，早晨六点起床；或者晚上十一点睡，早晨七点起床。这样的话，疲劳是完全可以恢复的。从宝贵的二十四小时中抽出这点时间足够了。一般来说，人睡八小时足够了，但也有人睡的时间少得多也无所谓。爱迪生长年一天只睡五六个小时，但他的大脑非常清楚。英国著名医师约翰·辛克莱爵士说道：“没有比过度睡眠对身体更不好的事了。因为由其引起的血液循环不良是肥胖、全身浮肿、嗜睡、中风等各种疾病的原因。”就是说，睡觉时间越长，身体也随之需要得更多。辛克莱继续说道：“睡眠过多，除了会出现以上症状外，会导致神经能量的下降而缩短寿命，因此成年人睡眠不能超过七个小时。”

伟大的循道宗教徒约翰·卫斯理在六十岁的时候每天四点就起床了，睡眠时间定为六小时。还有著名音乐家朱利叶斯·贝内迪克特爵士活到了八十一岁，睡眠时间为每天四小时。

春夏季节的早晨，有没有在五六点起床后早餐前精神饱满地做跑步或骑马运动呢？请一定做一次看看，体味一下这是何等爽快的事情。这才是一天中最美妙的时光。清晨，万物苏醒，充满新的力量。鸟类比任何时候都叫得欢；空气也清新；大地到处充满着喜悦。烦恼就像衣服刷地一下脱落那样从大脑中消失。坐在吃早餐的餐桌前时，觉得自己比之前更朝气蓬勃了。

有时候，由于盖的被子太多而睡不香，这会使胸口受压而影响血液循环。有时候是因为屋内换气不好或室温太高而睡不香。睡上八小时也恢复不了疲劳的话，那就尝试减掉一小时吧。可以看看书，一直到有睡意为止。到真的开始疲劳，大脑对例行的工作已不感兴趣的时候，再上床，放松自己，忘掉一切。这样试上两三次，保证能让你马上睡着。

另外，为了能够早起，也有这样的方法。就如设置闹钟一样，设置你的大脑。临睡前对自己说：“七点起床！”于是，在你进入梦乡时，“担任值班任务”的潜在意识一定会记录下这条信息。大家一定明白，除了大自然为你准备的之外，不需要闹钟的。

睡眠方法有问题的大部分人几乎不用再做什么了，只要遵守几个简单的规则就足够了。简单归纳如下：

在睡意袭来前，不要上床；

不要睡懒觉；

如果健康的话，不要睡午觉；

我们要尝试一下怎样能睡得“更少”而不是“更多”；

不要将操心事带上床；

不要在上床后想这想那，说这说那；

不要将生气、嫉妒等不愉快的情绪带上床；

“不要含怒到日落”(《新约·以弗所书》第四章第二十六节)；

不要兴奋；

卧室尽量弄得暗些；

窗户要充分打开；

不要开暖气睡觉；

当身体疲惫不堪时，泡一下澡；

吃得太多或胃酸过多不舒服的时候，抓一把碳酸氢钠放入凉水或温水后服用就行；

临睡前，不要过多地喝水以及其他饮料；

也可以在临睡前作两三次深呼吸作为"预备"操；

伏案工作多的人，临睡前可以吃一点三明治之类的食物，脑中的血液下到胃中，就能轻松地睡好觉，但要注意不要吃得太多；

最后，下跪祈祷这一基督教徒古老的良好习惯，远比许多人想象的要具有重要意义。通过祈祷，人的痛苦能送到神那里。这样，把精神的负担存到乐于助人的神那里，就能"舒适地躺入沙发，做甜美的梦了"。

"健康的秘诀"在这里

正如各位所知，人的身体是具备了智慧的细胞组合体，那里布有被称为神经的优良电信网络。如果这是真的，那么控制我们健康的就是我们的心，这个事实也就不容置疑了。

我们可以用心的力量来克服痛苦，追求幸福的力量远比世界上任何药物和医生强大。反言之，这个力量大于追求不幸的力量。

如果总是想着疾病，总是担忧"我得了那病，不，也许是得了那病"、"疾病与遗传性体质有关，所以早晚一定会发病的"，那么肯定会损害健康的。

失去心灵的和谐、老是想着疾病、想象自己患病后的样子、因恐惧而陷入妄想、胆战心惊、烦恼、易怒、怨恨、羡慕和嫉妒、贪得无厌、自私，这些都是损害健康的原因。

若要想健康，一定要坚信断言自己是健康的。总是想象健康的自己，讲述、实践这种意向，不要放弃这种意念，相信自己就像自我想象的一样很健康。千万别提及自己认为感到不安和恐惧的疾病和症状，也不要谈论、想象、思考疾病。

就目前所知，令人为之振奋和欣慰的东西，能给予我们勇气、希望、自信和美好期待的东西，事实上都会增加红细胞数量。红细胞对身体任何功能具有强壮剂和刺激剂的作用。

另外，担忧、失望、恐惧、嫉妒、干坏事、犯罪、伤人、对别人冷淡和刻薄，这些都会破坏红细胞，降低人的生命力。

身体状况不良的人，不要负面考虑事情，而应该开朗积极地思考问题。要思考健康，不要去想疾病。不要想象自己会越来越衰弱等不吉利的事情，应该想象健康的自己。不要老想着自己觉得害怕、憎恶和担心的事情。最重要的是要想象自己所希望的样子。

人感冒出于心理作用

经常听到爱操心的人说“万一感冒了咋办呀”、“我最怕夜风"，真为他们感到可悲。

只要不是温暖舒服的日子，肯定谁都不愿意屋内寒风嗖嗖。说起夜风，谁都会联想起难受的感冒症状、咽喉痛、流感等所有的悲惨结果。但是，新鲜的空气是具有创造性的能量，我们应该认为是伟大的"化学家"上帝在大自然的实验室里创造出来的。新鲜的空气具有重生我们的力量，具有恢复疲劳、赐予新的能量、让我们苏醒的力量。

至今还有许多人害怕夜晚的空气。但是，这是上帝创造的东西，充满着恢复元气和产生新东西的力量，凝聚着创造身体、生命以及健康之源。

患流感并不是因为吹了夜风着凉，也不是由于淋了雨。一般动物不会因此而感冒。不过人工饲养的动物另当别论，给它保暖而使它出汗才会感冒。这是因为人类继承下来的弱点和自古以来的错误常识所致。我们可以让狗自以为脚不灵便。我在自家的狗身上做了实验。我把它的脚用绷带绑上，走路时不让它用那只脚。于是，狗真的好几天拖着那条腿走路了。但是，这只是狗的错觉。

有多少孩子被告诫"脚弄湿了会感冒的"，有多少孩子是这种错误常识的受害者！母亲们无数次地对孩子这样说："弄湿脚、进入有露水的草中、穿得少被夜风吹的话，会得重感冒的。"因为这样，许多孩子稍有一点小事就会害怕和担心是否会感冒。于是就认为自己体弱，一辈子被这种错误常识左右。

请记住：新鲜的空气里含有生命之源的上帝的力量。其中包含着健康，包含着恢复疲劳、更新失去的力量和元气的能量。那为什么要那么害怕呢？水、雨和雪都一样。那么，为什么要害怕糟糕的天气呢？是你对自己暗示“夜风对身体不好”，将一些不好的结果刻入心间：自认为一定会感冒，明早一定会身体不好，醒来后喉咙会疼。于是，这些症状就会容易出现了。何以见得？因为你主导的想法通过你身上的创造力而再现了。并且，你不想发生的事就变成了现实。

如果吹了夜风、湿了脚的第二天，早上起床发现没有感冒，你可能反而会失望。如果在户外被雨淋得湿透的话，你就会马上认为“这下肯定要感冒了”。当然，你所想的马上会传递给身体，身心被“感冒”的不安占据。你会觉得肯定会感冒的，于是就真的感冒了。

但也有人不是这样，他们竭尽全力坚决地将这些错误常识去除掉。他们相信：“潜在意识不受其影响，真正的我是绝不会感冒的。我所具有的神性绝不会被威胁或伤害我的东西所损害。”于是，会有好的结果。

心是良药，最初创造世界的上帝具有治愈疾病、恢复疲劳、让你苏醒的力量。并且，这种力量分配到人体内具有智慧的各个细胞中，在那里创造新的东西，治愈受伤的肌体。这就是细胞所具有的恢复力。

当我们以向前看的姿态坚定地相信自己健康，并将这种自信植入体内的所有细胞时，当我们的积极向上和健全的思维使整个细胞焕发出生命力时，那么病菌不可能在体内繁殖。

只要你还相信坐在夜风口对身体不好，那么结果你就会生病。但实际上，上帝是一位伟大的化学家，他在夜风的空气中加入了使人健康和坚强的源泉。只要你自己不认为有害的话，空气中不可能会有有害物质。

疾病对"不怕疾病"的人敬而远之

我们在户外吹着大风也不会感冒，那为什么吹一点点夜风就会感冒呢？从科学角度来讲，夜风只让身体的某一部分着凉，在局部地方引起暗示而已。这样的话，即使同样的夜风从四面八方吹来，近乎赤身裸体也不会感冒。

当我们要摈弃这种自古以来的常识时，当然应该要深思熟虑，太急也不好。对自己的想法抱有充分的信心，完全没有不安，那就不知不觉地已经摈弃了这种错误的尝试，否则是难以摈弃的。任何事情都要冷静地明智地去做，切忌硬来。

让我们摒弃防备生病的想法而准备健康吧！丢弃成为疾病源头的错误常识，让健康之源来保卫自己。这样，我们就能很容易地避免染上令我们痛苦的各种疾病。身边放有救急箱、各种药瓶和盒子，这就好比告诉别人自己没有信心。

如果你是真正的上帝之子，就不会屈服于有可能会带来危害的东西。不，应该做到这样。完美的上帝之子必须是完美的。因为不可能从完美的东西中继承不完美的东西。与我们从上帝那里继承的强大相比，在人世间从父母那里继承下来的东西真的是微不足道的。

上帝之子不能屈服于所谓的“命运”或“宿命”。你可能认为目前被没有机遇或条件不好等绊住了手脚，但千万不要服输。如果你是无所不知的上帝之子，应该在你身上是继承了这些智慧的。

自己不要总是被身体的某些地方有病这种想法迷惑。相信你的大脑、肌肉、内脏、神经系统都掌控在自己手中。许多人都是这样做的，你也不例外。

要教会孩子基于自信和信念的生存方式，而不是基于否定和不安的生存方式。自己的健康自己能够掌控，要把这种自信植入每个孩子的心灵。

必须让“自己能够保护健康”的想法扎根于每个孩子的心

中。让他们具备强大的自信，在儿童与疾病之间筑一道防护墙。这才是最好的寿险。

“自己有能力，只要做总能干出名堂”，具有这种自信固然重要，但也要对自己的健康有自信，相信自己今后也能健康地干下去，体内所有器官运作正常，所有的才华都能发挥。

不仅是工作，对健康也要具有自信，这是发挥创造力的真正动力。相反，如果自认为自己体弱多病的话，也许就不会变得强壮。由于衰弱，担心人生就会在碌碌无为中结束，或者恐惧遗传性疾病会在什么时候爆发。这些都会起副作用，破坏大自然在细胞中的正常工作。

我认识一位女士，听说她总是对自己的健康缺乏自信，觉得自己与众不同，不会健康。自小就相信自己今后一定体弱多病，即使不是卧床不起也差不多了。虽然没有什么地方不好，却好像觉得自己不能过常人的生活。她自小是病人的想法就已经扎根于心中了：别人会帮助自己打点生活，独自一人什么事也干不了，凡事都会有人替自己做。幼时的经历成了她的强迫症。

但我认为，如果遭遇到危急情况的话，这位女士的错误认识一定会消除。比如家中失火、孩子生命垂危等情况下，她就会发挥出意想不到的力量和坚强。同样，如果她的认识转变过来，具有自己也能健康这种希望和期待的话，那么她就会脱胎换骨了。

真的有许多人被自己虚弱这种强迫症所困！遭遇到危急场面、紧急事态和不测事件时，本来虚弱的人因受到刺激而发挥出与常人相同的力量，因此这肯定是一种强迫症。在芝加哥大火[1]以及旧金山地震[2]时，我们看到过许多这样的事例。其中，有的人以往长期独自待在家中不出门，他们在紧要关头从床上一跃而起，不仅靠自己逃脱，还帮忙从熊熊烈火的家中把贵重物品抢了出来。不仅如此，原本以为在风雨中吹着夜风肯定没有好事，但由于不得已在帐篷中露宿，不知不觉地健康起来，连自己也颇为惊讶。

“不幸会遗传”，你是否被其掌控？

很少有人注意到信念和自信对健康有多大的影响。对健康有自信的话，会真的健康。如果稍有不对劲时，就担忧自己是不是得了“恶疾”，认为继承了父母的虚弱体质，肯定不会好了。如果这样的话，肯定不会有强壮的身体。

健康和疾病都因心理作用而起，那么你是希望健康呢，还是不健康？要记住一件重要的事，无论你继承了什么样的疾病和体质，我们有着比它强大得多的良好特性。就是说，我们体内具备着上帝赐予的力量，它能够克服任何因遗传带来的缺陷。健康、成功和幸福是我们与生俱来的权利，所以必须得到。在这个原则

芝加哥大火，美国插图画家约翰·R. 查平（John R. Chapin, 1827–1907）绘。

德裔美籍摄影师阿诺德·根特（Arnold Genthe, 1869–1942）拍摄的著名的旧金山大地震照片。

前，在这世界上从父母那里继承的不幸完全不是问题。但尽管如此，许多人为自古以来的错误常识所掌控。

比如，事业成功的商人和他的妻子计划新建自宅，两人考虑建造一栋比现在居住的老房子更具有个性的好房子。然而，实际上他们把原先房子的缺陷和不方便的地方都原封不动地搬到新房子里，最终建造了一栋完全一样的房子。其原因就是因为他们已经对过去的房子有了感情，就是说已经习惯了老房子的不舒适和不方便。也许他们感到，即使造了新房子也不见得比老房子居住起来更舒服。

像这对夫妻那样的人，即使通过自己的努力得到了强壮健康的身体、经过磨炼的精神以及服从命令的神经，但一定会被"患病是无可奈何的"、"对遗传的影响束手无策"等错误常识所迷惑。

被疾病困扰的人们要努力地时常描绘自己健康的样子，活得舒适和神采奕奕。一定要相信自己会健康的，一定要说出来，尽量让人看到一个健康的你。这样的话健康一定会美梦成真的。

对疾病最有效的良药就是要心中充满健康，这帖药能够中和病毒。如果整天担忧疾病，想象令人生畏的症状，意气消沉，乱看医学书，是不好的。如果总是想象自己意气消沉，逐渐地把疾病的意念深深地扎根于心里的话，是永远不会好起来的。如果是这种心情的话，即便使用再好的药也无济于事，再怎么优秀的医生做治疗也不会起作用。要健康，必须想健康的事。

想成为伟大音乐家的学生，如果老是练刺耳的曲子，老是想着这种音乐的话，他绝对成不了伟大的音乐家，这点任何人都是明白的。也许有人会说，哪有这么愚蠢的事啊。但是，要是被疾病折磨，心底里想健康的人，如果老是一直想着痛苦的原因，老是沮丧地把这种疾病放在心上的话，那岂不是更愚蠢吗！

思考会对身体带来巨大的影响，能证明这点的例子在我们身边比比皆是。总是抱有理想，因此你会变得健康，干起工作有效率。如果这样的话，就可以以积极的态度生活，故而就会不断地挖掘出你的实力，这是多么美妙的事啊。并且，这就是上帝的意图。

重要的是，要把思想只集中到“我要这样”这一点，并且做到，从心底里想要健康、要用健全的身心生活。

相信的事情会出现，梦想的事情会成真

我们的一个重大缺点就是被一种自古以来的错误常识所控制，那就是：痛苦和疾病是人类挥之不去的东西。我们自小就无数次地听大人说，有痛苦和疾病是因为上帝要考验人类，让人生变得丰富和有价值所致。在孩提阶段，我们就被灌输错误的常识，叫作"痛苦是必需的"。"孩子必须生完所有的病，比如百日咳、麻疹、水痘等必须得过，而且必须早点得。"我们就是这样接受教育的。守旧的母亲和祖母们还特意让孩子去染上这类疾病。

究竟到什么时候才能让人们不再向孩子传播这种错误的常识呢？从现在起，父母应该向孩子们说出自己的希望。想象一下自己强壮健康的孩子吧，将体弱多病的孩子形象从大脑中拭去吧。当然，必要的当心也是需要的。但是，"没问题，一定会健康地成长的"，这种信念才是万无一失的。

要健康地生存，除了要有有志者事竟成的自信以外，也要对自己的健康有自信。因为老是觉得自己体弱，这也不行那也不行，那就等于给自己和自身的能力套上枷锁，特意地把事情搞糟，将自己的勇气、独创性、实行能力糟蹋掉了。

如果想要做一件有意义的事，首先应该具有自信。如果一开始就觉得不行的话，那么就什么事也做不了。觉得自己的身体没有自信，虽然目前没有得病，但也许有一天会得病，这会成为工作与成功的一大障碍。如果老是这么想的话，即使不得病，那也跟得了病没什么两样了。

如果误以为自己不会健康了，那么就不会健康，这与事实上的身体状况、身体某处有无疾病无关。就想要干一番事业这点而言，如果你认为自己行，那么这就会真的变成事实。只要相信会实现的事，就容易实现。这说明，即使没有病和身体不适，但总认为有的话，那么适合这种想法的病症和障碍就会出现。

比如，如果认为自己的家族祖祖辈辈都患结核病，自己一定也会这样的话，那么真的会得结核病。如果一直胆战心惊地生活在病魔的影子下的话，那么就不会有精神，营养状况也会恶化，从而陷入结核病发作的最合适状态。

倘若精力充沛，便能避免这种事情发生。只要加以训练，就像掌握法律和工科的知识一样，精力也是能够获得的。思考也必须充满活力，要抱有积极的、富有创造性的、有正面作用的想法。要让自己的精神强大，必须让你的思考和想法也强大起来。

要活出风采，必须健康。要健康，必须要形成正确的想法。因此，可以说正是健全的思想维持着人的品性。不仅不要做犯罪的事，还必须停止思考有恶意的和低级下流的事情。

身体不好或者不好也不坏的人，要尽量想象健康的自己、精神饱满而强壮的自己、任何事都会积极果断地去挑战的自己。尤其在临睡前想象最有效。如此，只要改变意识，身体就会变得好得让自己吃惊。之所以身体不好是因为现在对自己所下的错误评价给了身体每一个细胞所致。因此，必须在细胞受影响之前改变这种意识。

从今往后，每天清晨起床后，作为崭新的积极生活的信条，把以下的话说给自己听吧。一整天不要忘却。这样，每天的拼搏就会变得舒服，也不会受神经困扰，心平气和地生活。如此，这一天的到来就不会远了。

这句话就是保罗的话，其中尽显健康、和谐、幸福、品德等所有的原则。

> 凡是真实的、可敬的、公义的、清洁的、可爱的、有美名的；若有甚么德行，若有甚么称赞，这些事你们都要思念。(《新约·腓立比书》第四章第八节)

译　注

1. 芝加哥大火（Great Chicago Fire）：美国 19 世纪最大的灾难之一。1871 年 10 月 8 日（星期日）晚九点在德克文街的一处粮仓开始起火，一直烧到 10 月 10 日（星期二）的早晨，近 300 人被夺去性命，约 100000 人无家可归，毁坏面积约 9 平方公里。10 月 9 日被美国定为全国防火安全日。

2. 旧金山大地震（San Francisco earthquake）：发生于 1906 年 4 月 18 日清晨 5 点 13 分左右，里氏震级为 7.8 级，这场地震及随之而来的大火，对旧金山造成了严重的破坏，可以说是美国历史上主要城市所遭受最严重的自然灾害之一。保守估计死亡人数在 3000 人以上，所造成的损失估计高达 4 亿美金。

第5章

将人生的“领导权”握在自己的手中

没有乐趣，只有痛苦

最近听到一位住在纽约的富豪企业家的牢骚：“我不知道为什么浑身都是病。”听说有专门的医生，经常为其做定期检查，看有没有什么地方不正常。但是，身体总有什么地方不好。

在他小时候我就认识他。如果要我回答他的问题，我会这样说：“你好像认为有钱人就能身强力壮，哪有这等好事。有钱人要健康是非常之难的。”有太多的快乐，也有太多的工作和娱乐。这位老兄虽然谈不上酒精中毒，但也经常喝威士忌，给大脑强烈的刺激。什么都不缺，而身体却以极快的速度超负荷地工作。这样的生活搞乱了他的生活节奏，妨碍了他身体的正常功能。

他出生在新英格兰的贫穷农民家庭，在朴素的环境下长大，但在暴富之后，生活也随之变得复杂，饮食也变得奢侈。于是，便开始整天抱怨肠胃不舒服，总感觉身体不好。

他长期地过度使用神经系统，过度使用大脑和神经，饮食没有节制。由于尽情奢侈，想得到以往没有品尝过的快乐和崭新的刺激。虽然不同于所谓的放荡者，但在造物主的眼里也许就是个放荡者。因为他做尽了所有损害健康的事了。

他坦率地说：“过去，我做梦都想，如果有一天我有了钱，想干这干那。于是，为了梦想，什么事都做了。但是，很遗憾，没有得到理想的效果。”他又说：“无论什么愉快的事，如果想得太多或者做得太多的话，就会觉得厌倦而想作罢，可身体就不会听你的话了。我搞不清这是什么原因。”之后，他还向我透露说：“如果现在可以用几百万美金买到我还是穷小子的时候渴望得到的价值一万美元的东西；如果能够使年轻时在眼前的幻觉中看到的东西变成现实；如果能从旅游和读书以及艺术作品中得到的那种无比的喜悦，从交友和休闲中得到无限幸福，将人生从宛如身背重负的匆匆忙忙的每一天中解放出来，那么我可以抛弃一切也在所不惜。”

这是一位典型的现代男人，不顾自己的生活水准、不满足身边的各种喜悦而追求虚幻的东西。他们疾速驱使着人生试图发现其他地方的东西；或者更糟糕的是竭力想不输给别人。

“人格”是永远不会背叛你的“终身朋友”

在这一百年间，我们美国人令人惊讶地追求着各种各样的东西，将大部分精力消耗在为满足欲望的激战中。只要比我们富裕的人有的东西我们都想要，这种贪婪就是我们现今生活中的一大特征。任何人都觉得别人的东西比自己的好。

纵观历史，没有比美国人更为金钱、财产和奢侈品疯狂的人了。我们为了得到自己没有的东西而拼命，而对我们所已经持有的东西既不好好品味也不享受。因为我们舍近求远，所以看不见身边的美丽东西。为了摘取头上的果实而践踏了脚下的紫罗兰和雏菊。

我们由于拼命争取似乎近在咫尺的东西而不能充分享受它们，但我们好像并没有觉察到这一点。想要得到力所不及的东西，徒增不安和烦恼。

有位报刊评论员最近这样写道：

> 卡尔文·柯立芝总统的生平中最出色的一点是，虽然一直担任公职，却一直过着清贫的生活。纵观他的生平与人品，绝对称得上是一位一百年以前典型的美国人的接班人，他过着比今天更朴素而健全的生活。我认为，柯立芝所说的“过去从未感觉到要在生活中买一辆车”这句话给予了虽然贫穷却抱有崇高理想和力量的我国年轻人以很大的影响。一个家庭的社会地位取决于他家所拥有的机器，对于这种庸俗的想法，倡导朴素生活的这位新英格兰人给予了迎头痛击，这点是毋庸置疑的。并且，柯立芝在北安普顿住的是一月三十二美金的出租房，所以作为勤俭节约的榜样是无懈可

击的。

翻开所有的历史就会知道，从真正意义上称得上度过人生的人们大都过着清贫的生活。不要说富裕了，即使说就是生活在贫困之中也不为过。

成为富豪后，谁都会觉得什么事都能实现，什么都能得到。但是，一旦成了富豪后就会发现，什么都是空头支票，有钱是多么空虚。对于有钱人来说，没有比这再让人失望的了。

世上再也没有比钱更欺人的了，没有比财富更会背叛的了。没有人会因为有了钱而幸福的。有了财富会变成欲壑难填的人，灵魂被不安折磨，总是想去别的地方，想做别的事，人被无尽的欲望摧毁。

满足是通向幸福的必不可缺的条件，但富了以后就不会知足了。赚了很多钱的人首先想做的是，满足自己的欲望，增加自己的需要，因而搅乱了原本适合朴素生活的身体这部机器。“神经”错乱是因为让身体这部简单的机器从事复杂的工作，硬要让身体去享受吃喝。

把一百年前的家庭需求和当今每户家庭的需求做一比较，不管这些需求是现实的还是虚构的，就会发现一百年中发生了多么大的变化。

不妨想象一下一份详尽的餐厅账单吧，上面列有多种奢侈的食物和饮料酒类。也可以将一百年前一般家庭的服装和现在的相比较一下。与一百年前人们去教堂或赴宴时穿的唯一的一件套相比，现在的人平时所穿的要高级得多。

如今在贫穷家庭里使用的舒适方便的物品和设备，在过去则是奢侈品。伊丽莎白一世用一块木头代替枕头，像弹簧床和空气床则闻所未闻。

“幸福感”只产生于“知足者”的心里

我们完全没有注意到：自己的需求增加了多少，为了满足这些需求付出了多大的代价。许多美国人为了满足在五十年前根本想也不会去想的过分需求而消耗了大量的体力，用自己的手将宝贵的生命缩短了几年。

就拿汽车作个比方。在半世纪前，这种东西是闻所未闻的。有钱人家里有马车，但若是两三英里路程的话，几乎所有人都是走的。汽车刚刚开始制造，是有钱人的玩具。但现在怎样呢？短期内，汽车开始大量生产，如今，包括相当多的贫穷人家，每户人家都为了有辆车而拼命。

因此，费用增加，运动变得更少了。假日里，人们开着车到处转，不想用上帝赐予我们的脚走路了。于是就瞎琢磨：怎么胃口那么差呢？为什么睡得不香呢？最终，归咎于"神经出问题了"。

黄昏，当载着匆匆回家的上班族的列车到达时，你可以到纽约的任何地方下车看看。接"疲惫不堪的职员"的车排成一排。

本来，回家的这段路应该自己走吧。但他们却在电车里摇晃了三十分钟后，一到车站便一头钻进接他们的班车，朝离车站只有两三条街道的家驶去。于是，他们失去了迈开腿走路、尽情呼吸新鲜空气的绝好机会。

必需品和想要的东西越来越多，没有节制。好像每个人都在追求着比现在更高档次的、略显烦琐的崭新生活。

比如有一户人家，穷得连一个像样的房子都没有。如果你给他们能够遮风挡雨的住所和极为普通的食物的话，那么他们就会一整天感激你。于是，不久他们就会想要住稍微好一点的房子，也会想要现代化的便利设施。也可以给他一件不时尚的衣服，那一天他会感激你。但是，看到别人穿着更好的衣服，就会想要更好一点的。看到别人有车，于是就想入非非，自己也要一辆。他们永远不会满足。就是说，不管财产有多少，也不管有多奢侈或者有多富裕都不重要，我们总是向前看，永远不知足。

在离婚官司中，妻子总作证说，15000-25000 美元的年收入怎么过啊。不久前，一位富婆在作证时如是说："参加一流的社交聚会，如果年收入在 25000 以下的话，那就太丢脸了。至少应该是 75000 美金。”并且她还说道，如果只穿过两三次巴黎时装的话，就称不上是真正的上流社会的女性。为了搭配她的时装，她穿的鞋都是在外国定做的，一双值 50 美元。她的一双袜子值 10 美元。在他人眼里是不折不扣的浪费，但在她看来却是必不可少的必需品。

我认识一位住在纽约的男士，度过了贫穷的少年时代。听说当时他的梦想就是要挣 5 万美金。然而，成了百万富翁后吐露真言：“我总觉得自己还是很穷啊。”他发现，在纽约，人们根本不把百万富翁放在眼里，必须是亿万富翁。他辩解说，年收入在 100 万的话，就不能给家庭成员丰富的社交生活。在上流社会，仅仅是百万富翁的话，一点也没有面子，会受到人们的歧视。

但是，我们也没有必要特意去给他忠告说，过这种忙忙碌碌的生活寿命将会缩短的。如果以超出造物主设想的这种速度开动机器的话，机器立刻就会支离破碎。

像今天这样以极速驱使身体，就好比一辆超载的汽车以最大马力飞驰一般。身体出现不正常，体力消耗殆尽，健康受到威胁。要拿出多余的速度，就得付出巨大的牺牲。

回到过去的朴素的生活吧。就是回到上帝让人类过的生活，不忙忙碌碌、不沮丧、不出虚汗、不焦虑的生活。这样的话，不，只有到那时候，我们才会明白什么是真正的幸福。

自己的愤怒一定会回归自己

有句古语说：“诸神欲使谁亡，必先使其狂。”易怒具有不可估量的巨大破坏力。

人一发怒，其行为就会带有动物的本能。思维欠理性，判断力下降，随心所欲。原本的自我从理性的王座走下，被没有理性的自我取而代之。在原本的自我恢复平静重返政权以前，没有理性的自我统治一切。

亚历山大大帝一怒之下将其挚友杀了。[1] 虽说是在酒后，但大帝自责一直到死。

如果让在监狱里服刑的人说一下自己的发怒会带来什么后果的话，也许你会听到十分惨痛的教训。正是由于一时冲动而后悔一辈子，也许会失去余下的人身自由。这样想来，发怒是何等的恐惧啊。我国的监狱里尽是些因发怒犯罪而被投入监狱的不幸的人。因为不冷静，有多少人毁了他们辉煌的经历，破坏了他们的人生，断送了他们的前程啊。

众所周知，人一生气，在体内会发生产生有害物质的化学变化，而这些会给大脑带来危害。如果将动物折磨致死，那么这个动物在痛苦挣扎之时，会产生剧毒物质。只要将这剧毒物质注射

亚历山大大帝失手刺死克利图斯，安德烈·卡斯泰涅（André Castaigne, 1898–1899）绘。

一滴给更小的动物，几乎马上就会猝死。

有实验结果表明，在发怒的一瞬间里，大量的能量会消耗。没有任何东西比发怒时神经收到的刺激更能缩短寿命的了。就像短路的电线耗能一样，脑力被消耗。

看到一些看上去非常强壮的男人因工作上的纠纷而丧失自制心大闹的情形，我们就会知道震怒是会引发多么大的混乱啊。他粗暴地跺着脚，傲慢地无礼地在那里走来走去，发疯似的咆哮。由于在几分钟之内消耗了大量的能量，比通常情况下工作一天下来还要感到筋疲力尽。

有位非常优秀的男士，在没有任何问题时，在没有不安和烦心事时，会发挥自己的实力，干净利落地做好工作。然而，如果发生什么麻烦事，会好几天狂怒，令人不知所措。为此，过去的一切成就毁于一旦，将会失去所有已经得到的一切。

被破坏性的心情和想法控制时，一瞬间就会断送自己以往的所有努力。就是说，自己在幸福的时候、积极向上的时候所创造的一切都会失去。

最令人困惑的是，许多人这时会觉得把气出在自己蔑视的人身上也无所谓。早晨起来心情不爽的时候，有心事或者焦虑的时候，我们会马上迁怒于身边的下属，作弄他们。而这些人就是那些不会主张自己权利的人和认为多一事不如少一事不会还嘴的人。我们心里都有一笔账，这种卑劣的手法对哪些人行得通，哪些人是行不通的。

但这是最差劲的。这样的话，与其说是神经问题，倒不如说是卑劣无比。归根结底是属于一种卑劣的以自我为中心的性质。易怒、难以相处，不尊重他人的权利的人，就是以我为中心的傲慢之辈。这是人的性格中最令人讨厌的脾气。即使他还具有其他好的性格，但却被这坏脾气给抹杀了。

发怒——扣扳机是一瞬间，但失去的生命却永不再来

也许你明白了震怒后失去的会是什么，第一是自尊心。这时可能你不会觉得不好，但事后肯定会这么想。然后是自己的名誉、魅力以及心灵的平静和沉着。也许你还会失去顾客，与朋友疏远，希望被打碎，成功会离你而去，使你鞭长莫及。

在发怒之前请思考一下，将要暴露在朋友和同事面前的自己会是什么样子。接下来一段时间，你会发疯，变得不是你自己，会说一些不可挽回的话。希望各位明白。做这些事有什么好处吗？成为大家的笑柄，在众人面前暴露你一直努力想要隐藏的野蛮的一面，这有何好处呢？断送了长期以来大家对你的好印象。

建议当你生气有点动容时，可以照一下镜子。你肯定会讨厌自己的表情，心里会想："我绝不会再失败了。我也是有自尊心的，不能让人看到我这种野蛮的样子，不想让人以为我就是这种样子的。我要集所有的理性，无论如何也要忍耐再忍耐。我绝不会让失败重演。”

并且，你有没有发现，每当发怒失去自我的时候，会喷发出愤怒之外的充满恶意的各种感情。每当怒火中烧或者想报复别人的时候，涌现在大脑里的仇恨、复仇以及嫉妒，就像无线电波交织在一起。

任凭震怒而不作为，很多时候就如同自杀。近乎面无表情的温和的脸由于怒气，突然变成了像魔鬼的样子，看到这种情形便可知道激情所具有的力量之大。当失去自制力时，肯定是变得非常奇怪，但很少有人发现这点。失去自制力时就是失去心理平衡之时。充满善意、声誉好的人被震怒风暴作弄而犯罪的案件实不胜枚举。

当被某人侮辱而震怒时，我们是多么想以牙还牙啊。由此我们会想“还了这笔债”是多么的爽啊。但是，事后要付出很大的代价。也许你会后悔“要是我不说那话该有多好啊”，但已经无可挽回了。发怒时的心情已经不是自己的了，但为什么也要让对方品尝同样的心情呢？心灵已经落入那愤怒的陷阱了。重要的不是让对方品尝同样的心情，而是要设法将自己的心情回到平时的自我。

你知道吗？震怒的话，身体的所有功能会产生紊乱，所有的地方会变得不正常。而且，愤怒会让人加速变老，破坏你的面相，将你追求勇敢和高尚的努力化为乌有，将人重新带回到动物的水准。

不安和恐惧会妨碍人体的各种功能，但发怒更会给全身的所有细胞带来巨大的危害。你看，当人在发完脾气之后，浑身哆嗦。请大家想想，这会失去多少体力，会蒙受多大的精神损失啊。你难道承受得起这种代价吗？

一件事情会带来不能想象的后果，是人世间不可捉摸的一个问题。比如，发火时顺口而出的一句话或者话中带刺，会因此而永远失去珍贵的友谊。扣扳机是一瞬间，但失去的生命却永不再来。

有多少好人因为瞬间的冲动而品味着地狱般的痛苦啊。有多少人因怒气冲天而不假思索地在文件上签了字而生活在贫困和悲惨之中啊。

啊，真是易怒者的悲剧啊！从中又会产生多少罪恶和痛苦啊！

保护自己免受疾病、不幸、失败的侵袭的方法

容易发怒的人，谁都会对他敬而远之。一般认为连自己也管不好的人不可能管好其他事情，所以他不可能爬上重要的岗位。

发怒时的你，将自己的心完全裸露在所有看着你的人面前，而且这种状态会慢慢地延长，你察觉到了吗？你想一想，瞬时间你的脸会看上去老了十五岁，如果这样的话，这种力量浪费了多少活力啊。而且，每发怒一次，这张老脸会反反复复地刻入你的心中，编入你的人生，这一点千万不要忘记。

你可以用镜子照一下你心情平和、开朗、心地善良的时候的笑容，你肯定会发现，你比被低层次的感情控制时要年轻十到十五岁。

当发现因被充满恶意的思维和自己无法控制的激情而受伤、扭曲、刻上皱纹的自己的脸，那么许多人就会醒悟过来吧。如果有可能让五十岁的普通人比较一下自己二十岁以后的照片，那么在被暴风雨般的激情和嫉妒、仇恨、自私所具有的破坏性力量的打击和折磨之后，可能不敢保证他会认出自己。

有人可能不相信思维和感情具有这么大的威力，但如果你亲眼看见因思维和情绪所引起的恐怖的混乱的话，你马上就会释然的。大脑的结构会因恶意的负面情绪而发生变化，这些情绪毒害血液、脑细胞以及身体内所有组织，并且渐渐改变面容，产生一张令人憎恶的脸，有时候几乎改变受害者的性格。我认识一位女性，她因为强烈的嫉妒，只两三个月的时间一下子老了十岁。

大发脾气之后，会有一种强烈的疲劳感袭来。这种疲惫是因破坏了无数的脑细胞和神经细胞，巨大的神经能量失去后所引起的。

所以，性情急躁易怒的人的老化比一般人要来得快，在其动脉壁上会堆积像泥土般的沉淀物而使血管老化，因此他们始终袒露在血管破裂的危险之中。

所谓健康，就是身体的和谐。并且，身心实际上是一体的，所以，没有心灵的和谐，就不可能有身体的和谐。心不仅仅是在你的大脑内，我们是用全身来思考的。所以，身体某处发生紊乱或生病的话，其他部分也会全会遭殃，体内的各种细胞所具有的力量之和就会减弱。

我们总会因一些原本不应挂在心里的小事而遭挫折，不能发挥实力，不仅如此，还会因剥夺了健康和心灵的平静而遭受严重的打击。小人之见、不善良的想法或者是嫉妒——比如对于比自己来得成功的人士产生嫉妒——等所有原本应该用于创造和建设的活力消耗殆尽。

某位作家说："人生有个原则，付出多少，回报多少。也就是说，自己的行为决定了与此相应的报酬。""自己撒下的种子自己收"，这句话不仅适用于农事，也适用于我们的所有行为。

我们的所思所感既具有巨大的创造力，也具有巨大的破坏力。寄居在我们心里的具有破坏性的想法、对于别人的不善良的想法、仇恨感、自以为他人造成的伤害而产生的痛苦感等等，这些都是返回到自己的飞镖。

既可以将创造性的力量全用于憎恨他人，也可以保持冷静挖掘出更好的自己，把同样的力量全部发挥出来。如果努力培养自制力的话，不久，一切就会变得非常顺利，也许连你自己也会大吃一惊。

要让疾病、不幸和失败远离自己，必须以正确的姿态面对人生。就是坚持抱有能使身心健康和精神饱满的想法。要有充满喜悦和爱心、基于感恩和诚实的想法、宽容而有益的非以我为中心的想法。

东方的一位印度哲学家说：“我们应该不要用怀疑和卑劣的眼光看同事和伙伴，不要吹毛求疵、吵架和责备，要以宽广的胸怀容纳他人，要能够读出对方为何会有如此的行为。并且，当对方的意见、方法和行为与自己正好相反的时候，必须做到承认对方个人的权利和自由。这样的话，我们就能够以永远不会改变的爱心来爱对方。这样的爱心能够使人心胸变得宽广，最终是我们用这份爱一视同仁地包容他人。”

炼心会产生“向前看”的“肌肉力量”

经常听到有人说：“我有神经质，不能自控。”“由于神经作怪，必须要注意啊。”

说这话的人是本末倒置，把仆人当成主人。他们不知道身体内设置神经是为了执行心发出的命令。如果将心保持在最佳的状态，神经就会处在最佳的响应和服从状态。

有位著名的作家这样写道：

> 心控制着神经。因此，如果保持心情平静，神经就会给我们带来和睦和安宁。为此，我们给神经以支撑，注意营养，显示开朗的想法，告诉它人生值得过的，活着是好的。
>
> 神经需要上帝赐予我们的新鲜空气和阳光，即便是神经质的人，很多情况下只要晒晒太阳就可以变得好起来。
>
> 如果你总是贪吃并且经常熬夜，神经不会好转。任何事情讲一个分寸，最重要的是保持开朗和明亮向上的心情。
>
> 如果有坚忍的意志力，就能很好地控制神经。一点点兴奋就会使神经振作起来。如果心情焦虑，那就请一天假休息休息。到山野里做一次令人愉快的长距离漫步固然不错，如果做不到的话，可以交交新朋友，或者逛逛商店。
>
> 只要能够从心事中解脱出来，做什么都无所谓。告别忧郁的自我，绽开你的笑颜，哪怕一天也行。这是一帖效果明显的好药，可以免费获得，也可以装入瓶内。

要活得心情平和需要坚韧的意志，这是任何人都能具有的。也许需要用几个星期，或许需要几年的时间，只要你有坚定的信念和自制力，总有一天会学会的。

另外，知足也是对神经康复有很大的作用。有太多的人一遇到什么就会焦虑，为所有的事和所有的人操心。只要眼睛看到的都想要，使神经高度紧张。总而言之，知足是无上幸福的境界。

不要再沮丧了，不要再焦虑了。要描绘健康的自己，看着自己的身体渐渐地变好吧。只需想象一下幸福、积极向上、富裕的生活。这些都直接会给身体的健康带来影响。

比如，如果你被"贫穷是可怕的"这一恐惧占领了心灵，大脑里总是有这种想法，生怕自己有一天真的变得贫穷的话，那么你的心态总是会朝这方面倾斜。于是，真的就会变穷。

对于健康亦然。不要总是想着自己生病或身体虚弱时的可怕的症状，而要坚定地想象自己健康的理想的自我，如果在心里保持健康、强壮的身体——即上帝赐给我们的理想的身体——的形象，那么就能够创造出完美的身体。相反，如果不断地想象生病时的模样或害怕疾病的话，就会因此而变得虚弱。应该尽量让自己的心里抱有能够实现的美好理想。

任其悲伤是人生最愚蠢的事

“得了病谁都会变成卑鄙的家伙”，这是卡莱尔常挂在嘴边的一句话。当人身体不好时，很少有人能够保持平常心。一旦生病无论怎样都会失去勇气。并且，是否对未来抱有希望和期待，取决于有没有这个勇气。

生病后，就会被胡思乱想所控制。会容易被暗示所左右，夸大现实的危险，恐惧最坏的情形。我认识一位男士，当患上重感冒时，就以为自己得了肺炎。严重的消化不良加上有点发烧就以为“病得不轻，说不定患上了伤寒”。据他太太说，好像是每当身体不好时他就会觉得“也许会死”。这样的话，一点也感觉不到他有勇气。希望成了风前残烛。他太太说：“照顾他真够呛，因为他自己失去了希望。”他好像不知道怎样来激励自己。

最能帮助这种人的不是药物，而是愉快、乐观和幽默的心情。有些人在探望重要的亲戚和朋友的时候，尤其在病情不乐观的时候，会愁眉苦脸、流泪，但几乎没有人知道这对病人会带来怎样的影响。自以为是在关心病人，但实际上不是。不是在把病人从绝望的边缘中解救出来，而是把他推入深渊，在妨碍病人力图战胜心里的沉重负担。

当孩子病危时，因悲伤而难过流泪的母亲一点也不明白现在孩子需要的是渡过这一危机的所有抵抗力。母亲如果悲伤的话，会增加孩子的危险，可母亲不明白。即使孩子近乎丧失意识，母亲的悲伤将会夺走孩子的精力，减弱抗御疾病的抵抗力。

有一个例子可以证明放任自己悲伤是多么愚蠢的事。有一个少年正在游泳，腿肚子抽筋了。岸边的朋友看到少年将要溺水慌了手脚，发疯般地呼叫。但是，将要溺水的少年由于以前也遇到过这种情况，非常镇定。“快跳下来把我拉上来！”听到这句话，朋友才恍然大悟，把少年救上了岸。于是，少年就说：“喂，你要帮忙吗，叫一声就可以了。”朋友回答说：“不，已经不需要了。”

的确，已经没有必要再叫了。兴奋激动既帮不了病人，也对自以为在鼓励病人者没有任何帮助。因朋友生病而大闹的人也会在自己生病时沮丧的吧。于是，又多了一种老毛病。

心态会给身体功能带来巨大的影响，这在生病时或健康时都一样。心态对身体的影响，就如气压计一样，时时刻刻地在发生着变化。工作不顺利而感觉自己责任重大的话，心情不会舒畅，这种心情会在体内所有细胞上反映出来。食欲大减，消化吸收不良，细胞的生命力和组织的质量下降。完全健康意味着心灵保持完美的和谐，人这部机器工作正常。

如果一天工作下来发现没有什么成就，人就会觉得羞愧难当。人这部机器原本就是以工作得完美、准确、仔细而设定的，因此认为这可不行是理所当然的。满意自己的工作，满意自己的干劲和努力的结果是保持健康的重要因素。

抱有崇高的理想，为实现它而活着吧。这需要每天早晨反复对自己这样说："我的身体从头到脚都好；我是自己命运和健康的主人；我正变得更优秀，工作表现比从前更好。"把这当作你的工作信条的一部分，等待结果的出现吧！

"希望"是成功之种，"乐观"是成功之友

跟常人不一样的有神经质的人基本上都认为"自己容易被神经作弄"，"我对神经质毫无办法。"当然，只要本人认为毫无办法那就无药可施了。

这种人总是担忧有什么不好的事情会发生在自己或自己所爱的人身上。而事实上恐惧和焦虑是神经质患者的特征。但是，"恐惧"和"焦虑"这两大人类的敌人并非神经质的结果，而是神经质的病因。也许因这两个不吉利的幽灵而发生的神经衰弱比其他原因加起来引起的神经衰弱更多。奥斯丁·F.里格斯博士说："焦虑是神经衰弱的挚友，同时又是效率的最大敌人，即思维一直围绕着不安这根轴不停地旋转。"

但可怜的是，他们所担忧的事情绝不会发生。尽管如此，他们却担忧会发生，因而他们的神经紊乱和随后发生的精神错乱也屡屡发作。其情形就像一位告诉别人因担心不可能发生的事情而耗费了大半人生的老太太。

我们往往对恢复幸福感正确方法视而不见，而对尝试错误的方法却乐此不疲，没有比这再愚蠢的事了。尝试服用各种药物，用茶、咖啡、威士忌、毒品等东西来自我安慰。但真正需要的是，食用富有营养的东西，过有规律的生活，改变思维方法，对人生抱有正确的态度，充分地休息，消愁解闷。

如果早上起床后便觉得情绪不佳，一整天都莫名其妙地焦虑不安的话，那么肯定是什么地方不正常了。原因也许是精神方面的，也可能是因为家庭或者工作上有烦恼。无论出于什么原因，必须发现并立刻去除。如果老是沮丧不已，就不能很好地完成今天的工作。

还有一个不可忽视的事情——由于沮丧会引来不幸。如果朝思暮想什么东西并要得到它，那么这件东西真的会靠你很近，同样道理，不断担心和恐惧的东西也会朝你走来。不要在心里描绘自己所不希望的东西，也不要意念一些自己想挥去的东西，不要承认这些东西的存在。因为承认了它们的存在，在心里描绘它们，那么它们就容易发生在你的身上。如果不想得病，那就不要去想得病后的事情，把它们从你的心里驱赶掉。思考是实在的，是能自我收获的种子。充满喜悦的思考是不会产出悲伤的，相信健康的思考是不会生出疾病的。

事无巨细都烦恼的人，应该在你的大脑里记住下面的哲理：“为无可奈何的事情而烦恼是没有用的。能够有办法的事，即使烦恼也起不了作用。”就是说，无论怎样，烦恼是徒劳的。不仅徒劳，对身心都不好，会使人食欲不振，肠胃功能下降，失眠。与发怒时一样，会将健康的体液变成有害的物质。因烦恼而死亡的人几乎要多于因过度劳累而死亡的人。

经常有人会因不是什么大病却误以为也许会死而极度恐慌，如果一直有这种不切实际的想法，就会让健康之敌乘虚而入。但另一方面，充满活力的、积极的、创造性的想法，以及健康、乐观的心态，都会使身体变得和谐与健康起来。即思考就是种子，因其内容不同而会结出健康或疾病的果实。许多人净是播撒一些杂草的种子。总是捉摸为什么我家的花园没有隔壁邻居的漂亮，怎么只长一些蓟草和不中看的杂草呢？但是，隔壁邻居的庭院中只精心种植干净、健全、优美且自己喜欢的思考的种子。

推你向前的是你的“雄心壮志”

对于身心的健康与和谐，必须始终在心里保持一个远大的理想。并且，就像与罪恶的诱惑做斗争一样，与各种不和谐的想法和各种和谐之敌做斗争。如前所述，没有比动摇、担忧、嫉妒、仇恨更对身体不好的了。不仅会使血液的功能遭到破坏，事实上会在脑细胞和身体的各种分泌物中起化学反应，为此，会诱发和加速各种异常情况。近乎失去理性的激情会使身心严重受伤，使人动摇，工作也不专心，会一下子变老。但是，如果你有爱心、善心并且开朗、安宁，有热爱美丽、宏伟、壮丽事物的心情，那么你的身心将会治愈。

何时起，我们将不再以充满恶意的思维和行动摧残我们的身体，不再将大半的人生在痛苦中度过呢？如果总哀叹自己不行，总是觉得身体不好而可怜自己的话，既不会健康，也不会精神抖擞。这一点你什么时候才会发现呢？并且你还会发现，时常描绘精神抖擞、强壮健康的自我形象，相信自我形象才是永远不会变的，那么你也会发现自己是健康的。

更好地生活的诀窍、施展能力的诀窍就是了解产生活力的方法。许多人认为活力的源泉是食物，但真正的源泉是心。心态决定产生的活力的大小。如果有一个恰当的世界观，产生活力的速度会飞跃伸展；如果世界观不正确，那么能力就不会得到全面的发挥。众所周知，当你感到恐惧、不安、嫉妒、仇恨，怀有恶意的时候，创造能力就会下降。

为什么自己不能成功，也许你不了解真正的原因，始终焦虑不安，左思右想。但是，为此你浪费了多少宝贵的活力啊。如果把这个活力注入工作的话，对你重新获得你认为失去的东西有很大的作用啊。你是否发现了这一点呢？

如果要想今后不懈地朝着成功目标努力的话，那就应该注意不要再把神经能量（即精力）一点点地消耗在无所作为的地方。如果你注意检查一下的话，你就会知道过去很多的力量——连自己也未曾发觉的可能性从你身边悄悄溜走了，这时候你就会大吃一惊。你会发现，无论什么理由，如果心情总是烦躁，那么你的精力会急剧地丧失殆尽。

每当焦虑烦躁时，每当因心事而烦恼时，神经会一点点地失去力量。每当不安的阴影掠过你的心灵时，神经力量会被浪费。每当暴怒、嫉妒或自私自利时，精力，即隐藏着许多可能性的生命力，被你抛弃了。

不幸福意味着神经力量在某处外泄，令人讨厌的感受、丧失自我控制、焦虑、烦躁也都是神经力量在某处外泄的证据。而且，这些失去的力量都是珍贵的活力。所以，为了获得成功，丝毫不能浪费。

在不进行木材加工时，加工厂厂主会把机器关闭。然而，许多人绝不想关闭自己这部机器。于是老是不可思议地觉得，为什么我会焦虑不安呢？为何老是觉得疲劳呢？为焦虑和疲劳感而烦恼是愚蠢的，但是，老是寻思原因所在也是愚蠢的。因为两者都同样地浪费精力。

那么，这样不吃亏吗？有何益处呢？精力对于工作是重要的东西，对于维持生活和生存也同样重要。对于失去这么珍贵的东西，你不感到有所厌烦吗？

身负不安和心事等沉重的包袱去工作是一件危险的事情。不要带着问题心乱如麻地从事工作，尤其是在感觉到也许不会顺利的情况下。

你的问题是，不付出别人两倍或三倍的努力是决不能崭露头角的。抱负能否实现，取决于你是否能保持身心健康。身体不好是因为身体某处的神经力量外泄的缘故，没有精力是因为在心的某处有一个漏洞导致神经力量外泄的缘故。

一直到目前，对于恐惧、担忧、愤怒、忧郁等精神疾病还没有对症的药物，医生们也没有发现这些问题和疾病与神经紊乱有着很大的关系，也不知道其治疗方法。他们只治疗病人的身体，因为他们认为疾病都能够这样治愈的。但是，当他们知道精神状态会给身体带来巨大影响后，情况就发生了巨大的变化。以针对精神状态对许多病人进行治疗，取得了很大的成果。

最令人称道的是，这种治疗既明智又简单。如果积极地看待事情，就不会作消极的思考了。只要大家发现这点就可以了。无数神经症患者的健康和幸福在于这一重要的事实之中。只要发现这一点，谁都能够把握幸福，永远不会因什么事情而胆战心惊或焦虑不安了。

译　注

1. 被亚历山大大帝杀死的挚友名叫克利图斯，因为皮肤黝黑，所以人称“黑克利图斯”(Cleitus the Black, 375–328 BC)。是亚历山大非常信任的一位将领，一直跟着亚历山大出生入死。他的姐姐是亚历山大大帝的乳母。在格拉尼库斯战役中，他还救过亚历山大大帝的性命。然而终被亚历山大杀死。经过是这样的：

> 酒神节期间，亚历山大大摆宴席，和众将把酒言欢。席间有人奉承拍马，说是历数古今人物，没有一个能赶上亚历山大的成就。有人甚至说，就是大力神赫拉克勒斯，在亚历山大面前也不值一提。当代的英雄得不到同时代人的认可，只不过是因为被同时代人嫉妒罢了。亚历山大听着很是受

用，得意扬扬。这个时候，克利图斯实在是看不下去了，觉得说出“亚历山大比大力神更伟大”的话简直就是在污蔑神明。于是，他站起身来发出了不同的声音：“陛下，好好醒醒吧！您的功绩并不像这些家伙所说的那么伟大，而且这也不光是您一人的功劳，是大伙一起努力的结果。”亚历山大听了以后不是很高兴。那些奉承拍马的人见状，赶紧就开始打圆场，转移话题。这一次，他们提到了先王腓力二世，说腓力二世并没有获得多少伟大的成就，亚历山大已经完全超越了乃父。可克利图斯听了之后，火又上来了。他不容许这些人如此贬低先王。当时也因为喝了点酒，血气上涌，激动地大声指责起谄媚之人和亚历山大。他滔滔不绝地说了好久，最终有点失态，喊道：“如果话说回来的话，陛下，您的命还是我救的呢！在格拉尼库斯战役，如果不是我，您肯定活不到现在！”接着，他伸出了右手：“看到了吗？当时就是这只手救了你的命，亚历山大！”亚历山大觉得很没有面子，立即起身就要去打克利图斯，左右赶紧拉住他。但克利图斯还不住嘴，依然自顾自地大声说着。亚历山大大声喊道：“近卫军！去给我把他抓起来！马上！”但近卫军们知道亚历山大和克利图斯都因为酒精失去了理智，想让他们各自都冷静一下，就都没动。这下亚历山大更生气了：“寡人现在就像是处在大流士三世的困境里：近卫军都不听话，只听从贝苏斯！寡人若也是这样，那么除了名义上还是国王之外，已经一无所有了！”亚历山大猛地从卫士手中夺过一杆长枪，狠狠地刺向了克利图斯，克利图斯当场毙命。在场的众人瞠目结舌。事后，亚历山大逐渐冷静了下来，意识到自己的不对，悔恨不已。

人名索引*

A

爱迪生，托马斯（Edison, Thomas 1847–1931）——美国发明家、商人，发明了留声机、摄影机、钨丝灯泡、直流电力系统等，1892 年创立通用电气公司。在美、英、法、德等地的专利数累计超过 1500 项，光美国就有 1093 项，是世界上第一个利用大量生产原则和工业研究实验室来进行发明创造的人。 124

B

贝内迪克特，朱利叶斯（Benedict, Julius 1804–1885）——德裔英籍作曲家和指挥家。曾任伦敦歌剧院的指挥，1871 年受封爵士，卒于伦敦。代表作歌剧《吉卜赛的警告》（1838 年）、《威尼斯新娘》（1843 年）、《十字军》（1864 年）、清唱剧《圣塞西利亚》（1866 年）、神剧《圣彼得》（1870 年）等。 125

D

达尔文，查尔斯·罗伯特（Darwin, Charles Robert 1809–1882）——

* 按拼音顺序排列，页码为中文页码。——编译者注

英国卓越的地质学家、生物学家，进化论的奠基者，提倡自然选择说。代表作《物种起源》(1859 年)、《人类的由来与性选择》(1871 年)。　75

大仲马（Alexandre Dumas 1802–1870）——法国 19 世纪最多产和最受民众欢迎的作家之一。代表作《三个火枪手》(1844 年)、《基督山伯爵》(1844–1845 年)、《布拉日罗纳子爵》(1848–1850 年)、《黑色郁金香》(1850 年）等。　78

德怀特，蒂莫西（Dwight, Timothy 1752–1817）——美国教育家、公理会牧师。1886–1898 年任耶鲁学院院长，在其主事期间将学院发展成大学。　28

蒂尔曼，本杰明 · 瑞安（Tillman, Benjamin Ryan 1847–1918）——美国民主党政治家。1890–1894 任南加利福尼亚州州长。1895–1918 年任参议院议员。　39, 56

F

菲奇，乔治 · 赫尔格森（Fitch, George Helgesen 1877–1915）——美国幽默作家、新闻记者。以虚构的西瓦奇学院为主题的故事集最为出名。　41, 115

弗林特，奥斯丁（Flint, Austin 1812–1886）——美国医生。布法罗医学院的创立者，曾担任美国医学会的主席。　42

弗罗斯特，埃利奥特 · 帕克（Frost, Eliott Park 1884–1926）——美国

心理学家。曾先后在耶鲁大学、哈佛大学、普林斯顿大学任教。去世前是罗切斯特大学心理与教育系主任。 35

H

哈里曼，爱德华（Harriman, Edward 1848–1909）——美国金融家和铁路大王。在19世纪后期铁路和西部大开发的时代，他是主要建设者和组织者之一。 75

怀特，柯克（White, Kirke 1785–1806）——英年早逝的英国诗人。17岁时发表诗集《克利夫顿·格罗夫及其他诗》。 28, 29

K

卡莱尔，托马斯（Carlyle, Thomas 1795–1881）——苏格兰散文作家、历史学家。代表作《法国大革命史》（1837年）、《英雄崇拜论》（1841年）、《过去与现在》（1843年）、《衣服哲学》（1833–1834年）等。 62

恺撒，盖乌斯·儒略（Caesar, Gaius Julius 100–44）——罗马共和国末期的军事统帅、政治家、儒略家族成员。历任财务官、大祭司、大法官、执政官、监察官、独裁官等职。公元前60年与庞培、克拉苏秘密结成前三头同盟，随后出任高卢总督，用了8年时间征服高卢全境（现在的法国），亦袭击了日耳曼和不列颠。公元前49年，率军占领罗马，打败庞培，实行独裁统治，制定了《儒略历》。公元前44年，恺撒遭以布

鲁图所领导的元老院成员暗杀身亡。 62, 96 ～ 98

坎普，沃尔特（Camp, Walter 1859–1925）——美式足球运动员、教练、作家。被誉为“美式足球之父”，入选大学橄榄球名人堂。代表作《足球：如何指导球队》（1886 年）、《美式足球》（1891 年）。 43

科利尔，罗伯特（Collyer, Robert 1823–1912）——英国出生的美籍一位论派牧师。早年做过铁匠。1850 年移民美国，1859 年被任命为一位论派牧师。1861 年与梭罗相识，1874 成为芝加哥文学俱乐部首任会长。 89

柯立芝，卡尔文（Coolidge, Calvin 1872–1933）——美国第 30 任总统（1923–1929 年）。在繁荣而混乱的 20 世纪 20 年代入主白宫，任内降低赋税、减少外债及签订废止战争的《凯洛格–白里安》公约等。 146

L

李，弗里德里克·席勒（Lee, Frederic Schiller 1859–1939）——美国心理学家。1911–1920 年任哥伦比亚大学心理系主任。1917–1918 年任美国心理学会第七任会长。 74

里格斯，奥斯丁·福克斯（Riggs, Austen Fox 1876 – 1940）——美国精神病学家。压力反应研究的先驱。1913 年成立了名为“奥斯丁·里格斯中心”的精神病诊疗所。 68, 164

林奈，卡尔（Linnaeus, Carl 1707–1778）——瑞典博物学家、双名法

的创立者。代表作《自然系统》(1735年)。 28

隆巴德，沃伦·普林顿（Lombard, Warren Plimpton 1855-1939）——美国心理学家。1892-1923年任密歇根大学心理系教授。1919-1920年任美国心理学会第八任会长。 85

罗斯福，西奥多（Roosevelt, Theodore 1858-1919）——美国军人、政治家、第26任总统（1901-1909年）。美国历史上最年轻的总统，也是最伟大的总统之一，人称“老罗斯福总统”。 39

M

马丁，欧内斯特·盖尔（Martin, Ernest Gale 1876-1934）——美国心理学家。1915年当选为美国艺术与科学学院的院士。1916年被任命为斯坦福大学心理系教授兼系主任。 82

摩根，约翰·皮尔庞特（Morgan, John Pierpont 1837-1913）——美国金融巨头、慈善家、艺术品收藏家。创建了美国史上无与伦比的金融和工业帝国。摩根是教会最大的捐助者，而对医院和学校亦时常慷慨解囊。曾在欧洲花费多年时间收购艺术杰作，是当时最大的收藏家。建在纽约市的摩根图书馆，成为一个手稿和书籍典藏丰富的宝库。对许多博物馆，尤其是由他任馆长的纽约大都会博物馆给予了大量的金融资助。 70

N

纳尔逊，霍雷肖（Nelson，Horatio 1758–1805）——英国著名海军统帅，所创立的海军战略战术思想和军事领导艺术，一直奉为圭臬。 62, 99, 100

拿破仑（Napoléon Bonaparte 1769– 1821）——法国大革命后期的军人、政治家，法兰西第一共和国第一执政（1799–1804 年），法兰西第一帝国皇帝（1804 – 1815 年），史称拿破仑一世。对内多次镇压反动势力的叛乱，颁布了《拿破仑法典》，奠定了西方资本主义国家的社会秩序。对外五破反法联盟的入侵，沉重打击了欧洲各国的封建制度，捍卫了法国大革命的成果，创造了一系列军事奇迹与短暂的辉煌成就。 44

P

帕斯卡，布莱兹（Pascal, Blaise 1623–1662）——法国数学家、物理学家、发明家、神学家。在数学上发现“帕斯卡定理”（1640 年）、“帕斯卡三角形”（1655 年），创立概率论。在物理学上，澄清了压强和真空的概念，发现流体静力学基本原理“帕斯卡定律”（1653 年）。1642 年发明齿轮计算机。宗教和哲学代表作《致外省人书信》（1656–1657 年）、《思想录》（1669 年）。 62, 98, 99

佩利，威廉（Paley, William 1743–1805）——英国神学家、道德哲学家。18 世纪英国正统基督教和保守的道德政治思想的代表人物之一，以

自然神学论证上帝的存在而出名。代表作《自然神学》(1802年)。 28

彭斯，罗伯特（Burns, Robert 1759–1796）——苏格兰杰出的民族诗人。收集和整理苏格兰民谣，为许多著名的曲调编写歌词。 78

皮阿里，罗伯特·埃德温（Peary, Robert Edwin 1856–1920）——美国北极探险家。一般认为是他率领的探险队最先到达北极（1909年)。著有《跨越大冰盖北行》(1898年)、《北极》(1910年)、《极地探秘》(1917年)。 75

皮耶拉奇尼，加埃塔诺（Pieracinni, Gaetano 1864–1957）——意大利医生、政治家、意大利社会主义党党员。1943–1946年任佛罗伦萨市市长。 85

蒲伯，亚历山大（Pope, Alexander 1688–1744）——英国诗人、讽刺作家。代表作《批评论》(1711年)、《夺发记》(1712–1714年)、《群愚史诗》(1728年）和《人论》(1733–1734年)。 62

S

色维斯，加勒特·普特南（Serviss, Garrett Putnam 1851–1929）——美国天文学家、科普作家、早期的科幻小说家。代表作科幻小说《爱迪生的火星征服》(1898年)、《太空哥伦布》(1909年)、《第二波洪水》(1911年）等。 118

莎士比亚，威廉（Shakespeare,William 1564–1616）——文艺复兴时

期英国最重要的作家、杰出的戏剧家和诗人。流传下来38部戏剧（16部喜剧、12部悲剧、10部历史剧）、155首十四行诗、两首长叙事诗和其他诗歌等。 27

圣保罗（St. Paul 3–67）——原名扫罗。早期基督教的理论家、《圣经·新约》的作者之一。第一个去外邦传播福音的基督徒，也是世界上第一位穿梭外交家。 62

史蒂文森，罗伯特·路易斯·鲍尔弗（Stevenson, Robert Louis Balfour 1850–1894）——苏格兰小说家、散文家和诗人。代表作儿童小说《金银岛》(1883年)、言情小说《奥托王子》(1885年)、恐怖小说《化身博士》(1886年)、惊险小说《绑架》(1886年)、游记《内河航程》(1878年)、《驴背旅程》(1879年)、诗集《儿童诗园》(1885年)、《下层丛林》(1887年)等。 78

司各特，沃尔特（Scott, Walter 1771–1832）——苏格兰历史小说家、诗人。代表作《威佛莱》(1813年)、《红酋罗伯》(1817年)、《拉美莫尔的新娘》(1819年)、《艾凡赫》(1820年)、叙事诗《湖上美人》(1810年)等。 78

W

韦伯斯特，丹尼尔（Webster, Daniel 1782–1852）——美国政治家、法律家。历任众议院议员（1813–1816年，1823–1828年）、上议院

X

Y

军事天才，也是世界史上最著名的征服者之一。曾师从古希腊著名学者亚里士多德，18 岁随父出征，20 岁继承王位，建立了古代史上最庞大的帝国，他的远征使得古希腊文明得到了广泛传播。 151, 170 ～ 172

伊丽莎白一世（Elizabeth I 1533–1603）——英格兰和爱尔兰女王（执政期从 1558 至 1603 年）。都铎王朝的第五位也是最后一位君主，也是名义上的法国女王。终身未嫁，因此被称为“童贞女王”。即位时英国处于内部因宗教分裂的混乱状态，不但成功地保持了英国的统一，而且使英国成为欧洲最强大、富有的国家之一。英国文化也在此期间达到了一个顶峰，涌现出了诸如莎士比亚等著名人物。 148

约翰逊–韦布，塞西尔（Johnson–Webb, Cecil 1879–1930）——英国医生、作家、作曲家。出生于名医世家。1919 年开了家私人诊所，专治心脏病。著有食谱和肥胖症方面的通俗作品《女士食谱》（1922 年）、《男士食谱》（1923）、《为什么发胖》（1923 年）。另谱有华尔兹、狐步舞舞曲多首。 102

Z

詹姆斯，威廉（James, William 1842–1910）——美国哲学家、心理学家、实用主义和功能主义心理学运动的领袖人物。代表作《心理学原理》（1890 年）、《宗教经验的多样性》（1902 年）、《实用主义》（1907 年）等。 75

地名索引 *

A

B

F

---

* 按拼音顺序排列，页码为中文页码。——编译者注

H

哈德逊河（Hudson River）——美国纽约州的大河，长507公里，是纽约州的经济命脉。 11

J

加利福尼亚（California）——美国西部太平洋沿岸的一个州，1850年9月9日加入联邦。 27

N

纽约（New York）——美国人口最多的城市、世界最大城市之一，被称作“世界文化之都”，始建于1624年。 12

T

特威肯哈姆（Twickenham）——英国伦敦西南部泰晤士河上的一个城镇。 62

X

新英格兰（New England）——位于美国大陆东北角、濒临大西洋、毗邻加拿大的区域。包括缅因州、新罕布什尔州、佛蒙特州、马萨诸塞

图书在版编目（CIP）数据

慢生活 /（美）奥里森·马登著 ；庞志春，王建英编译 . —— 上海 ：上海文艺出版社，2022

ISBN 978-7-5321-8482-8

Ⅰ. ①慢… Ⅱ. ①奥… ②庞… ③王… Ⅲ. ①自我控制－通俗读物 Ⅳ. ① B842.6-49

中国版本图书馆 CIP 数据核字（2022）第 168180 号

慢生活

著　　者：[美国] 奥里森·马登
编　　译：庞志春　王建英

责任编辑：杨怡君
装帧设计：周艳梅
图文制作：孙　娌
责任督印：张　凯

出　　版：上海文艺出版社
出　　品：上海故事会文化传媒有限公司
（201101　上海市闵行区号景路159弄A座3楼　www.storychina.cn）
发　　行：北京中版国际教育技术装备有限公司
印　　刷：天津旭丰源印刷有限公司
开　　本：787毫米x1092毫米　1/32　印张6.25
版　　次：2022年10月第1版　2022年10月第1次印刷
I S B N：978-7-5321-8482-8/C.0093
定　　价：35.00元

上海故事会文化传媒有限公司 出品（00541）

如发现本书有质量问题，请与印刷厂质量科联系 T：022-82573686